ブランド米開発競争

美味いコメ作りの舞台裏

熊野孝文
KUMANO, Takafumi

中央公論新社

ブランド米の生まれた背景——まえがき

新潟県「新之助」、青森県「青天の霹靂《へきれき》」、山形県「雪若丸」、岩手県「金色《こんじき》の風」「銀河のしずく」、宮城県「だて正夢」、富山県「富富富《ふふふ》」、石川県「ひゃくまん穀《ごく》」、福井県「いちほまれ」、熊本県「くまさんの輝き」……、コメの新品種は各コメ産地で続々と登場している。各県がブランド化を競ってテレビＣＭを流しているので、どこかでご覧になったことがあるかもしれない。

こうしたコメの品種はどのくらいあるのだろうか。国が産地品種銘柄として検査対象に認めたものだけでも、令和元年産では水稲うるち米で八二四種、水稲もち米で一三二種、清酒の原料米になる醸造用米で二二三種もある。なかには、恋の予感、縁結びといったかわいらしい品種名もあれば、星空舞、大粒ダイヤ、プリンセスかおり、さらには千秋楽といった、コメの品種名とは思えないようなユニークな名前のものもある。各産地とも自産地のコメが少しでも知名度が上がるように躍起になっているのが、昨今のコメ事情である。

しかしながら、産地の懸命な認知度アップ作戦にもかかわらず、新しく出た品種名が多くの消費者に知られるようになる例はごく稀《まれ》である。たいていは名前も知られないまま生産されなくなってしまう。ましてやブランド米といわれるまでに成長する品種はごく限られている。最も有名なブランド米といえばコシヒカリで、なかでも新潟県魚沼地区で生産される「魚沼コシヒカリ」はトップブランドとして知られるようになった。一般家庭用精米として高級ブランド米の位置付けで販売されるのはもちろん、大手コンビニが魚沼コシヒカリの使用を前面に打ち出したおにぎりを販売するほど、広く消費者に知れ渡っている。

魚沼コシヒカリが最高級ブランド米の地位を築くまでには長い年月を要したが、近年マスメディアの力を借りてブランド米にのし上がった品種としては、「ゆめぴりか」や「つや姫」が知られている。

それにしても、なぜコメはこれほどまでにたくさんの品種・銘柄があるのか。コメ以外の農産物だと、ジャガイモでは男爵薯《だんしゃくいも》やメークイン、イチゴではとちおとめやあまおう、ブドウでは巨峰やシャインマスカットがよく知られているが、そうした品種・銘柄はごく少数で、コメとは比べ物にならない。食品スーパーのコメ売り場では、コシヒカリ、あきたこまち、ひとめぼれ、ゆめぴりかなど、品種名を精米袋に大書したものがところ狭しと並んでいる。これだけ多くの品種名が商品名として表示され、販売されている農産物は、コメ以外ではイチゴくらいで、他にはない。

品種名は文字通りその品種を種苗法に基づき農林水産省に登録したもので、商品名とは違う。たとえば、豊田通商が育種権利を有している品種「ハイブリッドとうごう」は、精米として販売される際の商品名は「しきゆたか」である。宮城県大崎市の商品名「ささ結」は品種名「東北194号」である。つまり、必ずしも品種名イコール商品名とは限らないのだが、多くのコメは品種名イコール商品名になっている。なぜコメだけにそうした現象が見られるのか。このことはコメの生産・流通の制度に深く踏み込まなくてはならないため、ここではさらっと触れておくだけにする。

品種名イコール商品名になった経緯には、コメ政策が深く関わっている。

コメ政策は、食糧管理法（一九四二〔昭和一七〕年〜一九九五〔平成七〕年、以下食管法）→食糧法（一九九五年〜二〇〇四〔平成一六〕年）→改正食糧法（二〇〇四年〜）という大きな変遷があり、この法の下にさまざまな流通規制がかけられてきた。今では信じられないことかもしれないが、コメは国から与えられた免許がなければ販売できない時代さえあった。食管法の下では、国がコメの買入、売却価格を決めていた。その基本は国が生産者から高値で買い入れて消費者に安く売るという逆ザヤでの運用で、当然のこととして巨額の差損が発生した。一時はこの赤字が農水省予算の約四割を占めるまでになった。

それだけではなく、国が在庫する政府米は一年間の需要量をオーバーするほど膨らみ、「余ったコメを琵琶湖に沈めたらどうか」という議論がまじめになされるほど深刻な事態になった。実際には余ったコメは破砕して工業用糊や加工用や飼料用にされたり、もしくは無償援助として海外に輸出されたりしたが、その経費は二度にわたる過剰米処理でなんと三兆円にも達した。財政負担に耐えかねた国は減反政策を始めるとともに、苦肉の策として消費者が求めるコメを生産者が作れるように、「自主流通米制度」を編み出した。これが「売れるコメ」の名の下に美味しいコメの品種が多く輩出するようになった最大の要因である。そして、売れるコメとして二大スターになったのが、「コシヒカリ」と「ササニシキ」だった。

現在でも減反政策は形を変えて続いている。以前は作り過ぎたコメを加工用や飼料米、海外援助として処分する、いわば出口対策であったが、現在はコメを生産する際、主食用以外のコメ(加工用米・米粉用米・飼料用米・輸出用米)を転作作物扱いにし、これらに毎年三千億円を超す巨額な助成金を支給することで主食用米穀の供給を減らす、生産調整といういわば入口対策を行っている。こうした主食用以外のコメには用途限定米穀という名称を付け、法で流通を縛り、主食用に流れないようにしている。しかも、用途限定米も農産物検査が必要になっている。

この規制は、コメを産業化するうえで大きな弊害になっている。コメも商品である以上、品位(割れた粒や未熟な粒が混入していないかで見る)が良く美味しいコメは主食用として高い価値を有し、それより品位が落ちるコメは加工原料用、さらに落ちるコメは飼料用として供給されるのが自然である。なのに、「用途限定米穀」という名の下に、本来主食用として用いられるべきコメが飼料用に回っている。例を挙げると、主食用米として最もブランド価値がある魚沼コシヒカリが、何と家畜のエサとして供給されている。主食用として売った方が価格的にも有利なのに、生産調整を守るために、こういう無理なことが行われているのだ。また、現在、大きな問題になっている業務用米（主食米の扱い）不足の原因もここにある。多収のコメが飼料用に回された結果、中食《なかしょく》（家庭外で調理されたものを持ち帰ったり、配達してもらう形態）・外食業界が使用する業務用米が不足する事態となった。本書の狙いはコメ政策の弊害を糾弾するものではないが、こうした馬鹿げた政策が現在でも続けられているのが、コメの世界である。法で生産・流通を規制するような仕組みは、産業としての発展を阻害する。

一方で、こうした連綿と続く「コメを管理する法律」の中で、多くの品種が誕生した。

食品スーパー等で売られている精米の表示欄を見ると、必ず「産地」「品種（銘柄）」「年産」が記されている。これがコメ業界でいわれるところの三点セットで、食品表示法（ＪＡＳ法）で表示が義務付けられている。そのコメは農産物検査で受検したコメに限られている。もちろん法律だけでこうした三点セットが定着したわけではない。

これまでに多くの米卸（流通業者）が、「メーカー」としての地位を獲得したいとの思惑から、自社で精米したコメをブレンドし、自社商品として「商品名」を付けて売り出した。しかしこの目論見はほとんど失敗している。背景には、消費者の産地銘柄への強い信仰がある。

なぜこうした産地銘柄信仰が発生したのか。これも流通規制を続けてきたコメ政策の副産物といえよう。管理された流通の間隙を縫って、産地から直接美味しいコメを届ける業者が現れたからである。食管法時代は、農協等の集荷業者が集めたコメを国が買い上げ、政府米として一括して売却していた。当然ながら消費者に美味しいコメを選ぶ権利はなく、国から配分されたコメを販売する免許をもった米穀小売店から買うしかなかった。国が管理する政府米は、買入価格、売

表1　令和元年産うるち米（醸造用米、もち米を除く）の品種別作付割合上位20品種（単位：%）

順位	品種名	作付割合	主要産地
1	コシヒカリ	33.9	新潟、茨城、福島
2	ひとめぼれ	9.4	宮城、岩手、福島
3	ヒノヒカリ	8.4	熊本、大分、鹿児島
4	あきたこまち	6.7	秋田、茨城、岩手
5	ななつぼし	3.4	北海道
6	はえぬき	2.8	山形、香川
7	まっしぐら	2.2	青森
8	キヌヒカリ	2.1	滋賀、兵庫、和歌山
9	あさひの夢	1.7	栃木、群馬
10	ゆめぴりか	1.6	北海道
上位10品種計		72.2	
11	きぬむすめ	1.5	島根、岡山、鳥取
12	こしいぶき	1.4	新潟
13	つや姫	1.2	山形、宮城、島根
14	夢つくし	1	福岡
15	ふさこがね	0.9	千葉
16	つがるロマン	0.8	青森
17	あいちのかおり	0.8	愛知、静岡
18	彩のかがやき	0.7	埼玉
19	天のつぶ	0.7	福島
20	きらら397	0.7	北海道
上位20品種計		81.9	

出典：公益社団法人 米穀安定供給確保支援機構「令和元年産 水稲の品種別作付動向について」

注：計と内訳が一致しない場合がある。

表２　水稲うるち米の品種別作付比率の推移（単位：％）※1

	平成元年産 ※2		平成11年産 ※3		平成21年産 ※4	
1	コシヒカリ	25.4	コシヒカリ	34.6	コシヒカリ	37.3
2	ササニシキ	10.9	ひとめぼれ	9.3	ひとめぼれ	10.6
3	日本晴	7.7	ヒノヒカリ	8.6	ヒノヒカリ	10.3
4	ゆきひかり	3.8	あきたこまち	8.5	あきたこまち	7.8
5	あきたこまち	3	きらら397	4.7	キヌヒカリ	3.3
6	初星	2.8	キヌヒカリ	3.5	ななつぼし	3
7	黄金晴	2.4	ほしのゆめ	2.6	はえぬき	2.8
8	むつほまれ	2.4	はえぬき	2.3	きらら397	2.4
9	キヨニシキ	2.1	むつほまれ	2.1	つがるロマン	1.6
10	中生新千本	1.7	日本晴	1.7	まっしぐら	1.3
上位10品種計		62.1		77.9		80.4
11	コガネマサリ	1.6	ササニシキ	1.6	あさひの夢	1.2
12	上育397号	1.4	つがるロマン	0.9	夢つくし	1.1
13	月の光	1.3	ハナエチゼン	0.8	こしいぶき	1.1
14	アキヒカリ	1.3	夢つくし	0.7	ほしのゆめ	1
15	ヤマヒカリ	1.2	ハツシモ	0.6	あいちのかおり	0.9
16	空育125号	1	朝の光	0.6	ハナエチゼン	0.6
17	トドロキワセ	1	月の光	0.6	ハツシモ	0.6
18	シンレイ	1	あいちのかおり	0.6	ササニシキ	0.6
19	レイホウ	0.9	祭り晴	0.5	彩のかがやき	0.6
20	フクヒカリ	0.9	あきほ	0.5	おぼろづき	0.5
上位20品種計		73.7		85.5		88.6

※１　計と内訳が一致しない場合がある。

※２　出典：農林水産省「米穀の品種別作付状況 平成元年産 米麦の集荷等に関する基本調査結果」

※３　出典：農林水産省「米穀の品種別作付状況 平成11年産 米麦の集荷等に関する基本調査結果」

※４　出典：農林水産省「米穀の流通・消費等動態調査」作付比率は、稲の延べ作付面積が10a以上と見込まれる生産者から抽出した者からの作付面積の情報を基に推計したものであり、全国（沖縄県を除く）の水稲うるち米（醸造用を含む）の値に対する値である。

却価格も国が決め、それを扱える米卸が米穀小売店へ販売する際のマージンまで決めていた。政府公認の看板さえあれば営業努力をする必要もなく〝配給〟するだけで経営が成り立っていた。

そうした中にあって、美味しいコメを消費者に販売したいという米穀小売店が現れた。食管法が厳然と存在していた昭和四〇年代に、東京都新宿区にある一軒の米穀小売店が「新潟コシヒカリ」を売り出したのである。

当時、産地から新潟コシヒカリを入手する方法は二つあった。一つは、国が売却する政府米の中から新潟コシヒカリを見つけ出して買い受ける方法である。食管法時代は国が生産されたコメを全量買い上げるのが建て前で、その際、国は銘柄を選んで買い入れていたわけではない。どのような品種であっても農産物検査法により検査されたコメは何でも買い入れていた。それらが食糧事務所で売却される際に、消費地の卸業者はコシヒカリを見つけるという作業を行うのである。当時は都道府県に食糧事務所があり、買い受け資格をもつ米卸の政府米買い受け担当者は、食糧事務所に詰めて売却指令を待った。月々の政府米売却指令が出されると、コシヒカリが入っていそうな産地地区のコメを買い受ける。買い受けの順番はくじ引きで決めたそうだ。ただし、一番札を引いて、これぞと思う買い受け産地地区を指定しても、その中にコシヒカリが入っているとは限らない。

買い受け担当をしていた人物によると、「新潟県産のコメが売却されるとわかっていても、自分に回ってきた番の米俵にコシヒカリが必ず入っているとは限らなかった」と振り返る。それでも販売先の小売店（当時は結び付き小売店といっていた）が求めるコメを手当てすべく、買い受けの優先順位を獲得するのは重要な仕事であった。繰り返すが、当たる当たらないは〝運次第〟である。そのようなくじにどんな意味があるのか、といいたくなるが、そういうおかしなことを堂々とやっていた。

もう一つの方法は、新潟のコメ集荷業者もしくは生産者と直接取引する方法である。これは食管法違反で「ヤミ米」といわれた。ヤミ米という表現は暗いイメージを伴うが、戦後すぐの食糧難時代とは違い、高度成長期を迎えた昭和四〇年代は食管法も形骸化し始めており、ヤミ米も「自由米」という表現で流通の一翼を担うまでになっていた。そうした流通ルートで新潟コシヒカリが消費者の手に届くようになると、美味しさが評判になり、百貨店にも並ぶようになった。いってみれば、これが産地品種（コシヒカリやササニシキといった特定の産地の特定の銘柄）がブランドになったはしりなのだ。その後、自主流通米制度が発足すると、各産地がこぞって自産地の銘柄米を消費地に売り込むようになった。

もう一つ付け加えると、精米商品に産地・品種（銘柄）・年産を表示するためには、国が定めた農産物検査法による検査登録機関の資格をもった検査員の検査証明が必要になる。では、検査対象になる品種はどうやって選定されるのかというと、まずはその県で奨励される品種が真っ先に検査対象の品種に指定される。いわゆる奨励品種制度というもので、コメ産地は県が育種機関をもっているので、そこで育種された品種を市場に広げるために奨励品種に選定、検査対象の銘柄に指定する。

そのコメが日本穀物検定協会が実施する食味ランキング試験（毎年行われる）で、最も美味しいとされる特A評価になれば、なおさら県は続けてそれを奨励品種に推すことになる。やがて特A評価を得るのが各県の至上命題になってくる。

特Aランクとして評価されたコメは、令和元年産は五四産地品種もある。食味ランキング試験を受けた一五五産地品種のうち、約三分の一が最も美味しいと評価されているわけだ。まさに美味しいコメだらけのなかで、ブランド米競争に励んでいるというのが現状である。

コメに限らず「美味しさ」というのは、農産物の価値を決めるための最も大きな要素には違いない。しかし〝美味しさ〟とは何か、と問われると、個人によってその評価は大きく違う。最近では、美味しいコメの代名詞であるコシヒカリを美味しいと思わない若い人も増えている。何よりも、美味しいと評価されているコメがこれだけ増えているのにもかかわらず、毎年一〇万トンもコメの消費が減っていることは、関係者にとって危機的な状況といわざるをえない。単純にこのまま一〇万トンずつ減っていくと、七〇年後には日本ではコメを食べる人がいなくなるという計算が成り立つ。

ブランド米開発で各産地が鎬《しのぎ》を削る。そのことに異議を唱えるつもりはない。選択肢の多さに戸惑いながらも、消費者も自由に選べる楽しさを歓迎している。

しかし、コメの需要が予測以上に早く減り続けており、しかもコメ生産者が高齢化と担い手不足に見舞われている大局を見れば、コメをめぐる状況は危機的である。美味しいコメ、高いコメを追いかけているうちに、どんどん状況は悪くなっている。いわば部分最適が全体最適となっていないことが問題なのだ。ブランド米も大事だが、いかにコメを産業として自立させるか――私はずっとそのことを考えてきた。本書ではブランド米の実態と展望に焦点を合わせ、新種のコメの開発をめぐるさまざまな現象や人物を紹介していく。そしてコメの生産・流通・消費の現場はどうなっているのか知ってもらい、日本のコメの行く末を読者と一緒に考えていきたいというのが、著者の願いである。

目次

第4章　コメの未来

ブランド米開発競争——美味いコメ作りの舞台裏

第1章　ブランド米狂騒曲

1　コシヒカリ覇権の経緯

魚沼コシヒカリ特A陥落の衝撃

コシヒカリと聞いて、日本のコメの品種名だとわからない人はいないだろう。量販店やホームセンターなど、すべてのコメ売り場にコシヒカリが置かれているといってよい。世界的な日本食ブームもあって、その名は海外でも知られるようになっている。

精米袋にコシヒカリと表示して販売するには、そのコメが確実にコシヒカリであることを担保しなければならない。その法的根拠は農産物検査法である。

一九五一（昭和二六）年に制定されたこの法律は、第一条に「農産物検査の制度を設けるとともに、その適正かつ確実な実施を確保するための措置を講ずることにより、農産物の公正かつ円滑な取引とその品質の改善とを助長し、あわせて農家経済の発展と農産物消費の合理化とに寄与することを目的とする」と記されている。

当時は食糧管理法の下で、食糧庁がコメを買い入れ、売却していた。そして、各県に食糧事務所が置かれ、国家公務員である農産物検査官がコメの検査を行っていた。それが五年の移行期間を経て二〇〇一（平成一三）年に完全に民営化された。現在、全国にある一七二三の検査登録機関で検査資格を有する一万八六六三人もの検査官が検査に携わっている。これだけの人員で毎年、新米が穫れるたびに全国各産地で検査が行われているのだが、このことがコメ生産者の負担にもなっている。

大規模稲作生産者らが加盟している公益社団法人日本農業法人協会（東京都千代田区、山田敏之会長）は、二〇二〇（令和二）年三月に農産物検査法に関する要請を行った。これは、二〇二〇年一月二一日に開催された内閣府の規制改革推進会議で農産物検査が取り上げられ、ヒアリング参加者として日本農業法人協会の役員ら四名が出席した際の意見を文書としてまとめたものである。

それによると、コメの流通は多様化し、集荷業者・卸業者を通さず、農業者から実需者（食品メーカー・外食企業等）・消費者に直接販売されるようになってきている。こうした流通については、必ずしも農産物検査を受ける必要はなく、実需者・消費者のニーズに応えられる品質のものであれば足りるのではないか、といっている。

現在のシステムでは、検査を受けないと、次のような不利益があるとする。
①経営所得安定対策（収入減少の影響を緩和する施策）の交付金の対象にならない
②水田活用の直接支払い交付金の交付対象（加工用米・飼料用米等）にならない
③食品表示法（JAS法）に基づく表示（産地・品種・年産）ができない
④特定名称酒の清酒（吟醸酒・純米酒・本醸造酒）と表示できない
⑤備蓄米の政府買入の対象にならない
⑥商品先物取引の対象にならない
こういう条件を課され、農業者は事実上農産物検査を受けることを強制されているに等しい。不必要な検査コストをなくすために、条件の抜本的な見直しを求めている。

同協会が要請書を提出するに当たってコメの検査について事前に会員社の意見やコストを調査した資料によると、コメの検査を全量受けている会員社は七二・七％、検査と未検を分けている二一・八％、全量検査を受けていない五・五％である。検査に係る総コスト（各種検査手数料、人件費、物財費等）の一俵当たりの額は、二〇〇円以上が二六・八％、一〇〇円〜一五〇円が二五％、五〇円〜一〇〇円が二二・三％、一五〇円〜二〇〇円が一八・八％、五〇円以下が四・五％となっている。要するに農産物検査法によるコメの検査は、経済的にも生産者に負担となっており、それが軽減されるように求めているのだ。

こうした要請もあって農林水産省は、二〇一九年一月から「農産物規格検査に関する懇談会」を毎月一回程度開催し始めた。これは農業競争力強化法により、より合理的な農産物検査方法が求められているからで、最終的には法改正により人間の目視によらない検査も可能になるものと予測されている。

では、いったいどのくらいの数の米が産地品種名を謳《うた》えるのかというと、実に八二四産地品種（令和二年産）にものぼる。よく知られるところでは、北海道ゆめぴりか、北海道ななつぼし、秋田あきたこまち、宮城ひとめぼれ、山形つや姫などがある。

それら日本のコメの顔ともいうべきコシヒカリについて、二〇一八（平成三〇）年、大きなニュースがあった。

同年二月二八日に一般財団法人日本穀物検定協会が発表した平成二九年産米食味ランキングにおいて、二八年間連続で特Aを獲得していた最高ランクの魚沼コシヒカリが特AからAに陥落したのである。この衝撃は大きく、当時の魚沼市の市長がニュースで「褌《ふんどし》を締め直す」と特A返り咲きを宣言、魚沼市の政策課題になるほどであった。

魚沼コシヒカリの特A陥落が産地にとって重大問題であることはいうまでもないが、消費地の流通業界でも重大問題であった。コメ売り場で最も高額なコメが魚沼コシヒカリであり、その食味評価が下げられたのだから、売れ行きを懸念するのは当然だろう。また、日本穀物検定協会の食味ランキングはそれだけ影響力があるともいえる。

現在でもそうだが、各産地が新品種を育種する目的のなかで最も大きなウエイトを占めるのが〝食味の良さ〟である。ただ、何をもって食味が良いコメかと問われると、明快に答えるのはきわめて難しい。個人によって、何を美味しいと感じるかは違うからである。福井県農業試験場の調査では、美味しいコメの代名詞になっているコシヒカリを美味しくないという若い世代も増えており、世代によっても美味しさの感じ方は違ってくる。

標準はコシヒカリのブレンド米

影響力の強い日本穀物検定協会の食味ランキングであるが、少し歴史をさかのぼってみると、このランキングが初めて実施されたのは一九七三（昭和四八）年である。それまでは食糧管理法により、コメは政府が買い入れて売却するという計画経済による配分方式がとられていた。ところがコメの生産量が増える一方で、食生活の洋風化に伴いコメの消費量が減退したため、国が抱える在庫が急増、三兆円もの財政負担をして過剰米在庫を処理しなければならなくなった。そこで、単位当たりの収量は少なくても消費者が求める美味しいコメを育種し、それを消費者が入手する方策として、「自主流通米制度」が編み出された。この制度で流通する美味しいコメを判定する役割を担ったのが、日本穀物検定協会である。

具体的には、どのような方法でランキングを決めているのだろうか。選抜されたエキスパートパネルと称される二〇人の食味評価者が、「外観・香り・味・粘り・硬さ・総合評価」の六項目を標準品（複数産地のコシヒカリ）と比較して、とくに良いものを特A、やや良いものをA、同等のものをA′、やや劣るものをB、かなり劣るものをB′と分類、格付けしている。では、平成三〇年産米の評価がどうなっているのかというと、特Aに評価された産地品種が五五、Aが六七、A′が三二、B、B′はゼロである。つまりコシヒカリより食味評価が劣るコメはないと評価しているわけだ。

なぜ、そうした食味評価になるのか疑問をもたれる方もいるかもしれないが、これには理由がある。現在、日本で作付されているコメの品種は約四割がコシヒカリで、コシヒカリを親に育種された品種まで含めると、実に七割を占める。あきたこまちやひとめぼれもコシヒカリ系である。わかりやすくいうと、コシヒカリが美味しいコメの代表とされたことから、国や各県の育種機関はこぞってコシヒカリを親にした育種を行い、その結果、こうした品種構成になってしまった。

コシヒカリが品種登録されたのは一九五六（昭和三一）年。ずいぶんと昔の話だが、その頃コシヒカリという名前で精米を買った人はいないはずだ。なぜなら当時は食管法により国が全量買い上げ、政府米として売却していたため、コメの品種などわからなかった。コシヒカリという名前が知られるようになるのはずっと後の話になる。東京でコシヒカリが販売され始めたのは一九七〇年代に入ってからで、その始まりには、このコメの美味しさに注目した一軒の米穀小売店があった。

ある小売店の奮闘

魚沼コシヒカリが広く知られるきっかけとなったこの話は、私も当時、取材をした記憶がある。しかし何しろ古いことで資料も散逸しているため、日本経済新聞社の吉田忠則氏による「さようなら『魚沼コシ』の開拓者」（日経ビジネス電子版）という一文を参考に文章を進めることとする。

魚沼コシヒカリが世に出るに際しては、東京の一商店が果たした役割が大きかった。新宿区大久保にあった米穀店「三島屋」である。創業が一九二三（大正一二）年というから、ずいぶん古い。店主は新保圭司郎氏といった。

新保氏によれば、新潟のコメはまずい、というのが通り相場だったという。戦後は食糧難で、ただたくさん作ればいいという時代だったから、新潟だけがまずいコメを作っていたわけではないだろうが、当時はそういう評価だった。

一九六〇年代の高度成長期になると、明らかに消費者の舌の好みが変わってきた。新保氏にいわせると、「味噌汁とおしんこだけで食べられるおコメ」を求めるようになった。吉田氏は、「ここには消費トレンドの重大な変化がひそんでいた。コメの味の追求が始まった」と記している。

新保氏が消費者の求めるコメを探すなかで思い出したのが、両親と疎開した新潟で食べたコメのことだった。あのコメは旨かったと思って見つけ出したのが、コシヒカリだった。

コシヒカリはもともと美味しさを求めて作られた品種ではなく、病害に強いコメを求めて作られたものだった。原種ができたのは、一九四四年のこと。現地の生産者にはコシヒカリの食味がいいことは知られていたが、何しろ戦後しばらくは質より量が求められた時代だから、コシヒカリが注目されることはなかった。味が悪くても値段が同じであれば、たくさん穫れる品種に力が注がれるのは無理もない。

新保氏がコシヒカリを手に入れたのは、まえがきでも触れたヤミ米という仕組みを使ってだった。とはいえ人目をはばかるわけではなく、三島屋は堂々と「日本一うまいコシヒカリ」と横断幕を掲げ、お客の気を引いた。他の店が「越後米」と産地を打ち出している時に、「コシヒカリ」と品種をアピールした。米屋の会合でそのことを笑われたというが、隔世の感がある。

一九七〇年、新潟県経済農業協同組合連合会（現JR全農にいがた）が東京事務所を開いた。その時、新潟経済連の吉原静雄会長が東京事務所長に語ったのが、「新潟のコメをだれも鼻も引っかけない。ビリからトップになるように、一緒に仕掛けてみないか」という言葉だった。新潟のコメ関係者も、コシヒカリを売り込もうとしていた。

その事務所に知人のつてをたどってやってきたのが、新保氏である。「正規ルートで一俵でも二俵でも欲しい」という言葉にほだされて、吉原氏は三島屋を東京の専門店に指定した。当時、東京に七〇〇〇店あった米屋のなかで、味にこだわりをもって売っていたところはごく限られていた。まだコシヒカリの生産量は少なく、急に販路を広げても対応ができない。そこで都内では三島屋と小田急百貨店だけに販路を絞った。

今やコシヒカリは日本を代表する良食味のコメという地位を不動のものにしている。コシヒカリは草丈が長いため倒伏しやすく、「コケヒカリ」と揶揄《やゆ》されるほどであったが、それを補って余りある四つの特徴がある。第一に作付地域が広く、山形県や宮城県といった北の産地から南は鹿児島県まで幅広い産地で作付されている。

さらに冷害に強い。良食味米として覇権を争っていたササニシキが一九八〇（昭和五五）年と一九九三（平成五）年の二度の大冷害で壊滅的な打撃を受けたのに対して、コシヒカリはそれほどのダメージは受けなかった。三つ目は、自主流通米制度の発足でコシヒカリが高く売れることがわかり、生産者がこぞってコシヒカリの作付に走ったことである。残り一つは、戦後の食生活の大きな変化として洋食化が進んだことと加工食品が普及したことの他に、簡単に食べられるやわらかい食品が増えたことが挙げられる。コメには硬質系と軟質系があるが、軟質系の代表であるコシヒカリやその系統であるあきたこまちやひとめぼれなどが全国作付の七割を占めるまでになった。硬質、軟質という表現も死語になってしまったが、軟らかいコメ＝美味しいコメ＝コシヒカリというイメージが浸透していった。

やがて公的機関や民間会社を問わず、コメの育種者にとっては「コシヒカリを超える良食味米を世に送り出す」ことが最大の目標になった。それが今日まで多くの新品種を生み出した原動力になったともいえる。

2　新品種はどう開発されるのか

特徴をどこに求めるか

コメの品種を育種し、世に送り出しているのは、各県の農業試験場と国の独立行政法人「国立研究開発法人農業・食品産業技術総合研究機構（農研機構）」である。これ以外の民間機関で育種された種子もあるが、その比率は実際に作付された面積ベースでいうと一割にも満たない。

コメの新しい品種を生み出すには、まずその産地でどういう特徴の品種を育てるか、目標を定めることから始める必要がある。多く穫れるものか、寒さに強いものか、倒れにくいものか、味の良いものか、それらをいくつか組み合わせたものか。

次に、その産地の農業試験場や農研機構が目標に沿った品種を育種する。育種の手順は、交配→選抜→固定で、交配し始めてから実際に新品種として登録されるまで一〇年を要するといわれている。

その過程について簡単に説明しよう。一粒の種子からは、約一万二〇〇〇粒の子供ができる。その子供は一粒ひとつぶ性質が違い、これはと思う有望な性質をもつものを探し出すのは、すべて育種研究者の目利きである。最初の世代で一〇〇〇から二〇〇〇種を選抜、次の年に一〇〇に絞り、さらに次の年に一〇に絞るという作業を繰り返す。さらに、そうして選んだ有望品種が次の世代にその特性を伝えられるかという、品種の「固定」という作業を行わなければならず、根気と時間のかかる仕事である。

近年、稲の遺伝子情報が解析されたことから、遺伝子によりコメの形状（草丈の長さや籾《もみ》の多少）や性質（どのような病気に耐性があるかなど）を識別する「DNAマーカー」という手法が用いられるようになった。DNAマーカーを使うと、その稲のもつ遺伝子情報がわかるため、従来と比べ早期に求める特性をもつ稲を特定できる。しかし、それでも新品種が誕生するまでの一連の作業は欠かせない。なぜなら親の性質がすべての子供に受けつがれるとは限らないからで、選抜過程ではまず目視で良さそうな稲を選ぶ必要がある。

そうして誕生した新品種は、次の段階として農水省に品種登録を出願し、審査を受け、「新品種」としての特性が認められて初めて品種登録される。農水省は出願者の負担を軽減するために二〇一八（平成三〇）年から電子出願システムを導入した。

とはいえ、出願後、試験栽培の経過確認や現地調査、データ収集などで二〜三年かかる。新品種が誕生するまでにこれほど多くの時間や労力を要するにもかかわらず、毎年一〇品種を超す出願がなされている。多くは国や自治体によるものだが、近年は民間企業や個人の出願例も見られる。

需要が減少しているといってもコメは国内最大の生産量を誇る農産物で、今後も新品種の出願件数が減ることはないだろう。民間企業の中には国や自治体の農業試験場が行っているコメの育種法とはまったく違う育種方法を編み出したところがある。この画期的ともいうべき育種・採種法により、多収でかつ良食味という新品種が育種されると見込まれるためである。この育種・採種方法について、以下に紹介していこう。

画期的な育種法

豊田通商㈱（本社、東京都港区）は二〇二〇（令和二）年一月八日、同社が出資する水稲種子開発会社の㈱水稲生産技術研究所（愛知県豊明市、地主建志社長。以下水稲研）がハイブリッドライスの効率的な採種法に関する特許を前年一一月一日付で取得したと発表した。

ハイブリッドライスとは、性質の異なる二つの系統を掛け合わせてできる雑種一代目（F1）のことで、収量性に優れる。水稲研は雑種強勢によって多収になるコメを開発した。雑種強勢とは、ある組み合わせの両親から、その両親を超える形質の子ができることをいう。トウモロコシや野菜では多くがF1品種だが、日本のコメでは三井化学のみつひかりと豊田通商のハイブリッドとうごう（商品名しきゆたか）の二種類だけである。

これまでハイブリッドライスの種子は、二つの性質の違う水稲を条《すじ》状に並べて作付し、受粉期に人手で交配させることでつくられてきた。花粉親の系統と種子親の系統を、隣接する条に並べて植えて交配を促し、種子親の系統に着生するハイブリッドライス種子だけを収穫する。とても手間のかかるもので、そのやり方が延々五〇年も続けられてきた。名付けて列植栽培法という。

この方法には難点がある。一つは、交互に植える際、二つの親系統の間の距離が離れることがあり、そのぶん受粉効率が下がることである。それでは収量が少なくなるため、種子の販売価格にも影響が出てくる。ハイブリッドの種子代金は、県や国が育種した種子に比べて五〜六倍、他の民間が育種した種子に比べても二〜三倍することが、普及へのハードルとなっていた。

もう一つは、播種《はしゅ》・育苗から収穫・乾燥までの全工程において、二つの親系統を混米しないように別々に管理しなければならないことである。しかも、受粉したハイブリッドライス種子だけを収穫するという煩雑な作業が必要になることも、マイナスの要素だった。

水稲研では、これらの課題をクリアすべく研究・開発を進めた結果、混植栽培法を発明、特許を取得した。混植栽培法は、異なる両親系統――ハイブリッドとうごうの場合は、種子親に分子マーカー育種したコシヒカリ、花粉親に長粒種に由来する多収系統――を、碁盤《ごばん》の目のようにクロスさせて作付することによって、従来方式に比べ品種間の距離が縮まり、受粉効率がアップして収量を増やすことができるようになった。

この方法では、ハイブリッドライスにならない花粉親系統の種子も混ざった状態で収穫されるため選別する必要があるが、インデントシリンダーセパレーターという特殊な機器により選別が可能となった。この新たな採種方法で、従来方法に比べ「二〜三倍の収量が得られ、かつ種子農家の生産工程数が大幅に削減される」（地主社長）という。

豊田通商によると、種子の安定供給は一つの課題ではあるが、今後この新たな採種技術を用いて種子の生産量を増やし、令和元年産は一五〇〇ヘクタールであったハイブリッドとうごうシリーズの作付面積をさらに拡大する方針だ。現在、種子生産に協力してくれる生産者を募集しており、募集要件は将来的に一ヘクタール以上の生産が見込めること。委託費用として一〇アール当たり一五万円、および基準反収を超えた場合には別途ボーナスを支払うとしている。

生産性重視へと転換

ここで少しハイブリッドライスのことについて触れたい。既述のように、日本で実際に作付されているハイブリッドライスは三井化学の「みつひかり」と豊田通商の「ハイブリッドとうごう(商品名しきゆたか)」の二種類だけである。両方合わせても日本での作付面積は四〇〇〇ヘクタール程度で、マイナーな存在に留まっている。

ところが中国では、一九七三年に遠縁の性質の異なる種子を人手で交配するというハイブリッドライスの生産方法が発明されて以来、急速に種子生産技術が発達、今ではその種子を海外に輸出するまでになっている。中国のハイブリッドライスのもとは琉球大学の新城長有《しんじょうちょうゆう》教授が開発したものである。それはともかく、世界の水稲の平均収量は一ヘクタール当たり四・六一トンなのに対して、中国では七・五トン。スーパーハイブリッドライスに及んでは一六トンから一七トンになるというのだからまさに驚異的である。

日本でハイブリッドライスが普及しなかったのは、第一に国や自治体が育種したコメが奨励品種として優先され、以前は民間育種のコメは農産物検査で消極的に扱われたからである。元にあるのが「主要農作物種子法」である。奨励品種に選ばれると、さまざまな優遇措置がある。たとえば政府買い上げでは非奨励のものより高い値段で買い取ってもらえる。そういったことが誘因となって奨励品種は広く生産されるようになった。

民間育種のコメのように、品種（銘柄）を得られないものは、一～三等の等級を謳うだけになる。表示としては「国産米＊等」となる。品種（銘柄）のないものは販売に響くということで、コメ業者間取引ではたとえ一等でも「雑米」扱いとなる。低価格しか付けられないというハンディキャップを背負うことになる。

そういう劣悪な条件でも生産者が民間育種企業の種子で育てたコメを農産物検査に持ち込むのは、等級が付かないと未検査扱いとなり、米卸が購入しないからである。

ただ、民間育種業者の強い要請もあって二〇〇九（平成二一）年産から「必須銘柄」と「選択銘柄」の二つが設定され、民間育種のコメは後者に分類され、検査対象とされるようになった。

これは毎年、銘柄の入れ替えが行われるが、必須銘柄は日本全国のどこの検査登録機関でも検査を受け入れる銘柄であり、「選択銘柄」は自治体によって受け入れの可否が変わる銘柄である。

検査対象となったからといって、必ず認定されるものではないが、ほぼ間違いなく認定されると考えていい。必須銘柄と比較した場合の選択銘柄のデメリットをいえば、生産量が少ないと品種（銘柄）が付かず、市場評価を得られない場合があるということである。

第4章で民間育種について述べる際に、ここで述べたことが再び顔を出してくる。コメをめぐる基本の情報なので、ざっと紹介しておく。

もう一つの大きな原因は、ハイブリッドライスの育種技術が生まれた当時、日本はコメ余りで減反政策が実施された時と重なり、収量の多くなる栽培方法そのものが採用されなかったことにある。

農産物検査の仕組み

ここでコメが店頭に並ぶまでに、どんな「関門」をくぐってくるかを簡単に説明しよう。

スーパーや米屋に置かれているコメ袋には「産地、品種（銘柄）、年産」の三点セットが謳われていることは、先述した。ここでいう産地とは、都道府県のことを指している。穫れたコメはその地域の該当機関（農産物検査登録機関）で審査されることになっている。どこで穫れたかに関して、消費者は敏感である。検査官は生産者台帳と照らし合わせて、その県で穫れたコメであることを確認する。

それと、品種（銘柄）。コシヒカリなのかササニシキなのかも、コメを買う側からすると、大変気になる。検査官は生産者が持ち込んだコメを目視で検査する。似たコメが多くなっていることを考えれば、この検査に無理があることがわかる。年産はもちろん新しいコメかどうかを表すものなので、これも購買の大事な指標になる。脂質に反応する薬品を使い、検査対象のコメの新旧を判別する。

コメの検査がどのように行われるか、ざっと紹介すると、まずその年の秋に収穫されたコメを生産者が籾摺りして玄米（精白されていない淡褐色のコメ）にしたものを、その県にある登録検査機関に登録された農産物検査場所（ライスセンターや集荷場）に持ち込む。三〇キログラムの紙袋やフレコン（通常一トンは入る袋）で搬入される。バラ積みでカントリーエレベーター（米穀の乾燥、調整、貯蔵ができる。ここでも検査を行う）に持ち込まれることもある。それらからサンプリングして、資格を有した検査官が検査をする。サンプリングの割合や穀刺し（溝のある器具）をどの部分に差し込むなどは、検査要領に細かく定められている。

品位（等級）を調べるには、まず農産物検査法に定められた水分率の範囲内に収まっているか水分計で確認する。これは、水分率が高過ぎるとカビの発生の原因になり、逆に低過ぎるとコメ粒の胴割れの原因になるので非常に重要な検査である。次にサンプルを目視して形質を見る。形質とは簡単にいえば玄米の見た目の外観で、肌ずれ等による変色があると等級落ちになる。次に異物や被害粒（死米・着色・胴割米および砕米の総称）、乳白粒（胚乳部の横断面に白色不透明な部分がある）の混入度合い等を確認する。新米の収穫時期には一斉に生産者が検査場所に玄米を持ち込んでくるので農産物検査官は大忙しである。

高い種子代を抑えられるか

さてハイブリッドライスが思うように成績を伸ばせないのには、種子代金が国や自治体が育種した品種に比べて五倍から六倍も高いこともネックになっていた。何せハイブリッドライスの種子は、並んで作付した異品種を同じ時期に開花させたうえ、人手でロープを引っ張り受粉させせなくてはならない。五〇年来やってきて、まともに種子になるのは多くて反三俵程度なので、安くしろという方が無理がある。

しかし、豊田通商が画期的ともいうべきハイブリッドライスの種子増産方法を開発したことで、状況が大きく変化するものと予想される。茨城県の米穀業者の中には、ハイブリッドライスの収量性の高さに注目し、二〇一七年から生産者に働きかけて、とうごうの契約栽培に乗り出したところがある。その業者によれば、とうごうの一〇アール当たりの収量はコシヒカリに比べ三俵から四俵も多いため、二〇一八年以降は生産者の方から「作らせてほしい」という依頼が来るようになった。二〇一九年産では作付面積が一八〇ヘクタールにまで拡大した。

豊田通商の新しい技術で種子の供給量が増えれば、更なる増産体制が可能になる。

3　あきたこまちと大潟村の挑戦

大潟村の挑戦

あきたこまちのことを語るのに、大潟村の反減反闘争などの戦いの歴史を抜かすわけにはいかない。少し長くなるが、お付き合い願いたい。

秋田県大潟村に二〇一八（平成三〇）年の春、一枚の面積が一五ヘクタールという玉ねぎ畑が出現した。長さ一〇〇〇メートル、幅一五〇メートル、面積一五ヘクタールという一筆（土地登記簿上の単位）の玉ねぎ畑で、一筆の畑の面積としては日本一大きいという。その面積の広さもさることながら、この畑は原野を開墾してでき上がったもので、畑の脇には巨木といっていいほどの伐木が無造作に山積みされている。

大潟村は、元々八郎潟を干拓してでき上がった村なので、昔から原野があったわけではない。五〇年前に始まった減反政策で放置された農地予定地が原野になったのであり、その面積は大潟村全体で二〇〇ヘクタールもある。その玉ねぎ畑を眺めながら、減反が廃止されるまでのこの五〇年とはいったい何だったのか、という思いが胸をよぎった。

以前、若手の米穀業者を三〇人ほど連れて大潟村を視察したことがある。バスの中で減反闘争について知っているか聞いたところ、半数が知らなかったことに驚いてしまった。戦後農政の中でこの闘争のあり方とその結末ほど重要な出来事はないと思っている身としては、すでに過去の物語になってしまったのかと思うと、ちょっと寂しい感慨があった。

八郎潟干拓の構想は古くからあったが、それが急速に動いたのは戦後の食糧難時代である。一九五二（昭和二七）年に国は秋田市に八郎潟干拓調査事務所を設置した。オランダのデルフト工科大学のヤンセン教授とフォルカー技師を招いて調査を行い、一九五七（昭和三二）年に工事に着手、二十余年の歳月と八五二億円の巨費を投じて一九七七（昭和五二）年に完成、「大潟村」と命名された。

一九六七（昭和四二）年に全国から入植者を募ったものの、第五次入植者までで中止され、一九七一（昭和四六）年には生産調整、いわゆる減反が始まった。筆者が大潟村に行き始めたのは昭和の終わり頃で、その頃はまさに減反反対闘争真っ盛りだった。政府の方針に従わない自主作付派の面々は猛者《もさ》揃いで、理論家もおり、コメ農政やコメ作り、販売まで、この村で教わったことはあまりにも多い。

村は正規販売ルートが使えず、非正規でコメを販売した。それが〝ヤミ米〟である。ヤミ米取り締まりで村が封鎖された時は、富山からコメを買い付けに行く業者の大型トラックに同乗して村に入ったこともあった。転機になったのは、加工用米制度の運用を農水省が柔軟にした二〇〇五（平成一七）年のことで、それまでは全農・全集連（全国主食集荷協同組合連合会）といった全国団体を通すしか販売ルートがなかったのが、地域流通という表現の下、生産者が直接、実需者（食品メーカー・外食企業等）と契約・販売する道が拓かれた。

大潟村の加工用米を使ってくれたのは、初めは秋田県内の米菓業者一社のみだったが、米菓業界の全国組織である全国米菓工業組合と加工用もち米の契約を結ぶなど徐々に販路が広がり、あっという間に一万トンを超える加工用もち米を生産するようになった。

二〇一六（平成二八）年には、国から示された生産調整面積（いわゆる減反面積）に対して、一〇〇パーセントを超える面積を達成するまでになった。主食米から加工用米に転じることで主食米の水田面積が減ることを減反と認め、その転換に助成金が出ることが追い風になって、決められた面積以上の減反を達成してしまったのである。

減反対象になるのは加工用だけでなく米粉用も含まれるため、二〇一一（平成二三）年には米粉餃子を作る会社を村に誘致し、第三セクター方式の米粉餃子の製造工場が立ち上がった。米粉食品が市場に受け入れられるには多くの困難を伴ったが、小麦アレルギーを発症しないグルテンフリー食品として着目され、今や米粉餃子やグルテンフリーのパスタなどが広く売られている。より長期保存可能なアレルゲンフリー食品は、自治体などが災害用食品として備蓄するまでになった。さらに大潟村輸出促進協議会も組織され、海外マーケットの開拓にも勤《いそ》しむようになっている。

ここまで減反闘争から今日まで大潟村の姿を駆け足で紹介したが、あきたこまちという品種が大潟村にどう関わったのか、その転機になった出来事を紹介したい。これが単に大潟村であきたこまちの作付が増え、それが消費者に受け入れられたということに留まらず、食管法が廃止され、コメ政策の大きな転機になったからで、農政上も非常に重要な意味をもっている。

「産直宅配便」の衝撃

食管法による流通規制が存在していた時代に、減反反対派（自主作付派）が村の主流派になった最大の要因は、あきたこまちという品種が生まれ、この品種を生産し、独自に販路を築いたことが大きい。

あきたこまちが秋田県の奨励品種になったのは一九八四（昭和五九）年、秋田県農業試験場が育種した。それまで秋田県ではササニシキやトヨニシキといった品種が作付されていたが、政府の関与しない自主流通米制度が発足し、味のいいコメ作りが奨励され始めたこともあって、秋田県でも独自においしいコメを作りたいという機運が盛り上がった。しかし秋田県農業試験場にはコメの育種を専門にする部署がなく、そのため、うまいコメ作りの先進県である福井県から、コシヒカリを母、奥羽２９２号を父とする育種途中の品種の株を譲り受け、登熟期の早い早生《わせ》品種の選抜を繰り返して、あきたこまちは誕生した。

あきたこまちという名前は公募で選ばれた。由来は平安美女の小野小町で、米袋のパッケージデザインの市女笠《いちめがさ》の女性も小野小町をイメージしている。新品種の名前は決まったものの、交配種を生んだ福井県と新品種につなげた秋田県が譲り合って種苗登録（新品種を育成者が品種名をつけて登録することで、育成者の権利を保障する制度）をしなかったため、国内はもとより世界中で作付されるようになった。

話を大潟村に戻そう。減反反対派が自由に売るために最初に作っていた品種はあきたこまちで

図1－1　あきたこまちの系譜

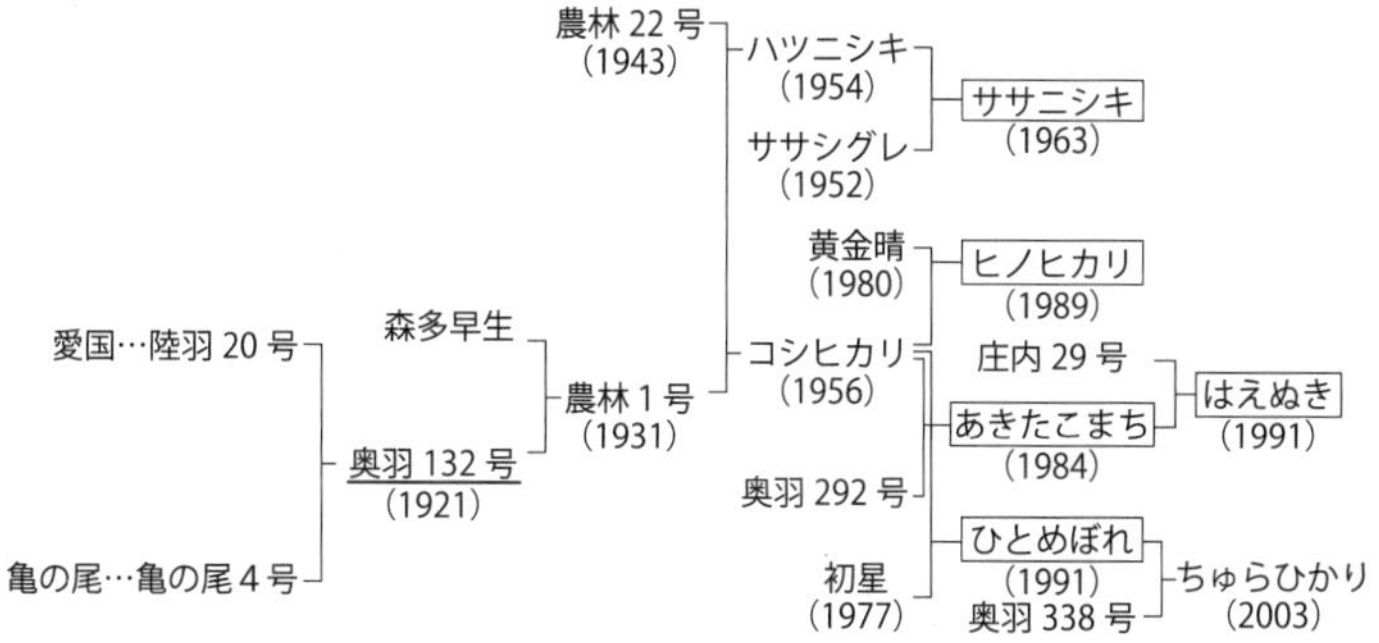

出典：農業・食品産業技術総合研究機構

はなく、もち米であった。もち米は食管法下にあっても比較的自由に販売できたことから、これをメインに作付していた。筆者も当時、減反反対派の招きで毎年年末に次年度のもち米相場動向を喋りに行っていた。

ただ、もち米はマーケットが小さいこともあり、価格変動が激しく、生産者の経営を安定させるにはリスクが高過ぎる商品であった。そこに登場したのが、コシヒカリ並みに食味が良いあきたこまちで、大潟村でも減反反対派はもちろん減反遵守派も一斉にあきたこまちを作付するようになった。

あきたこまちの作付が増えていた頃、物流では大きな変革が起きつつあった。それは宅配便の登場で、これによりコメの流通が劇的に変化した。それまで、生産されたコメは農協や商人系集荷業者が集め、国に売り渡して政府米になるか、自主流通米としてコメの販売許可を有する米卸等へ販売するのが主流であったが、宅配便の登場で、生産者が直接消費者に販売できる道が拓かれた。このことは、食管法による流通規制が意味を失い、食管法が廃止されて食糧法に衣替えする一因にもなった。

宅配便の登場は、大潟村の生産者の経営にも大きな変化をもたらした。それまで減反反対派は、自らが生産したコメを、村にコメを買い付けに来る自由米業者に売り渡していた。食管法時代、自由米業者はヤミ米業者とも呼ばれていたが、食管法が空洞化したことですでに法に違反しているという意識は薄かった。生産者は米穀業者の大型トラック一台当たり玄米二〇〇俵を売り渡した。その頃のあきたこまちの相場は一俵六〇キロが二万円を超す価格だったから、一戸一五ヘクタールで十分な所得が確保できた（一アール＝一俵で一五ヘクタール＝一五〇〇俵＝三〇〇〇万円）。

宅配便の登場は、さらに利益を上乗せできる販売手段になった。宅配便でコメを販売する場合、売値は自ら決められるからである。

宅配便では、籾を取り去った玄米を精米して五キロの袋に入れ、販売先の住所・名前を記入した伝票を箱に張り付けて宅配業者に集荷してもらわなければならない。当初は知人、親戚などに任せていたが、取扱量が増えるにつれ、個人経営では処理しきれなくなった。大潟村では生産者が出資した有限会社や株式会社の集荷組織が次々に誕生し、三〇社近くに達した。こうした生産者が自ら生産したコメを自社で精米して精米袋に詰めて直接消費者に販売する生産者組織のことを「産白会社」と呼んでいた。中でも大きな組織は、㈱大潟村あきたこまち生産者協会、㈱農友、㈱大潟村同友会で、組織的に宅配便でコメを販売するようになったことで飛躍的に売上高が伸びた。

とくに一九九三（平成五）年の大凶作によるコメ騒動では、コメを求める消費者から電話が殺到、その年の売上は七〇億円を超える産白組織もあり、秋田県の所得番付でベスト五入りする生産者もいた。この騒動であきたこまちの名前が全国に轟いた。コメ騒動がマスメディアで大きく報じられるたびに大潟村が取り上げられ、㈱大潟村あきたこまち生産者協会は電話の受付だけでも二〇〇人を雇い入れなければならなかったほどであった。

用途別に生産するコメを替える

大潟村の減反闘争はそれだけで一冊の本にできるほどで、農政を語るうえでも非常に大きな出来事であった。本書は減反制度に焦点を合わせたものではないので、そのことについては割愛するが、もう少し大潟村のことに触れておきたい。

干拓地が完成してから一九六六（昭和四一）年に第一次入植者選抜があり、六一五人の応募の中から五六人が選ばれた。それ以降、一九七八（昭和五三）年の第五次入植まで五八九人が選ばれ、村で営農を始める。

入植者の出身地は北海道から沖縄まで全都道府県に及んでおり、最も多いのが地元秋田県で三二三人、次が北海道で八三人、三番目が新潟県の二二人の順になっている。なぜ入植者の県別内訳を示したかというと、何度も大潟村に行くうちに、営農についての意見に県民性が色濃く反映されると感じたからである。主流派となって村の方針に大きな影響を与えたのは、新潟県出身者だった。

稲作についてチャレンジ精神が旺盛なのは新潟県出身者で、種籾から苗に育てて田んぼに植える方法から、直に水田に植える直播《じかまき》に初めて切り替えた生産者は新潟県出身者であった。「春陽」という低タンパクのコメを腎臓病患者向けに販売しようとしたのも新潟県出身者で、そのために春陽専用の精米機ラインまで作ったほどであった。低アミロース米（通常のうるち米よりアミロースの含有量が少なく、粘りが強く、冷めても食味が落ちない）では、大手冷凍米飯メーカー向けに「スノーパール」という品種を作付した。食品加工メーカーが直接生産者に自らが求めるコメの品種の作付を依頼するケースも大潟村が初めてであった。また、有機米作りに熱心なグループもいて、有機米の作付面積では日本一の村でもある。いわば、ニーズに沿ったコメ作りに果敢に挑戦してきた村といえる。

では現在、大潟村の水田作はどうなっているのだろうか。二〇一八（平成三〇）年産より国による減反が廃止されたことから、主食用米の作付が増加、転作達成率は七一・八パーセントまで低下した。減反が廃止されたにもかかわらず、まだ「達成率」があるのか不思議に思われるかもしれないが、国による各産地への転作面積の配分が行われなくなっただけで、国は依然として「産地交付金」という名目で転作奨励金を配分し、これを得るために各産地とも転作の〝目安〟の数量・面積を示しており、実態として減反は廃止されていないといえる。七一・八パーセントの達成率とは、大潟村に示された転作目安面積に対して実際に転作した面積の比率を指している。

大潟村で転作達成率が低下し、主食用米の作付が増加した理由は、主食用米の価格が四年連続で値上がりして、加工用米や飼料用米を作って助成金を加算した手取りより、主食用米を作って販売した方が手取りがよくなったことにある。まさに大潟村の稲作生産者は経営判断でどのようなコメを作った方が得か判断しているわけだ。

これはごく当たり前のように思われるかもしれないが、稲作農家が自社の経営判断で主食用米の作付を決めることは多くの産地でできず、それは転作奨励の形で今も続いているなかでは、特筆すべきことなのである。このことは日本の稲作が国際的な競争力をもたない大きな要因になっている。

4　ブランド米の価値はどう決まるか

売れ筋のコメが不足する事態

量販店の店頭で販売されている新潟コシヒカリや北海道ゆめぴりかなどのブランド米は、どのようにして価格が決まっているのか。図1－2は米穀機構がスーパーのPOSデータ（店のレジで販売時に記録されるデータ）を基に作成した各産地銘柄米の販売状況である。縦軸が一キロ当たりの販売単価、横軸が一〇〇〇人当たりの購入比率である。

図1－2　主要ブランド米の店頭販売価格と1000人当たりの購入比率

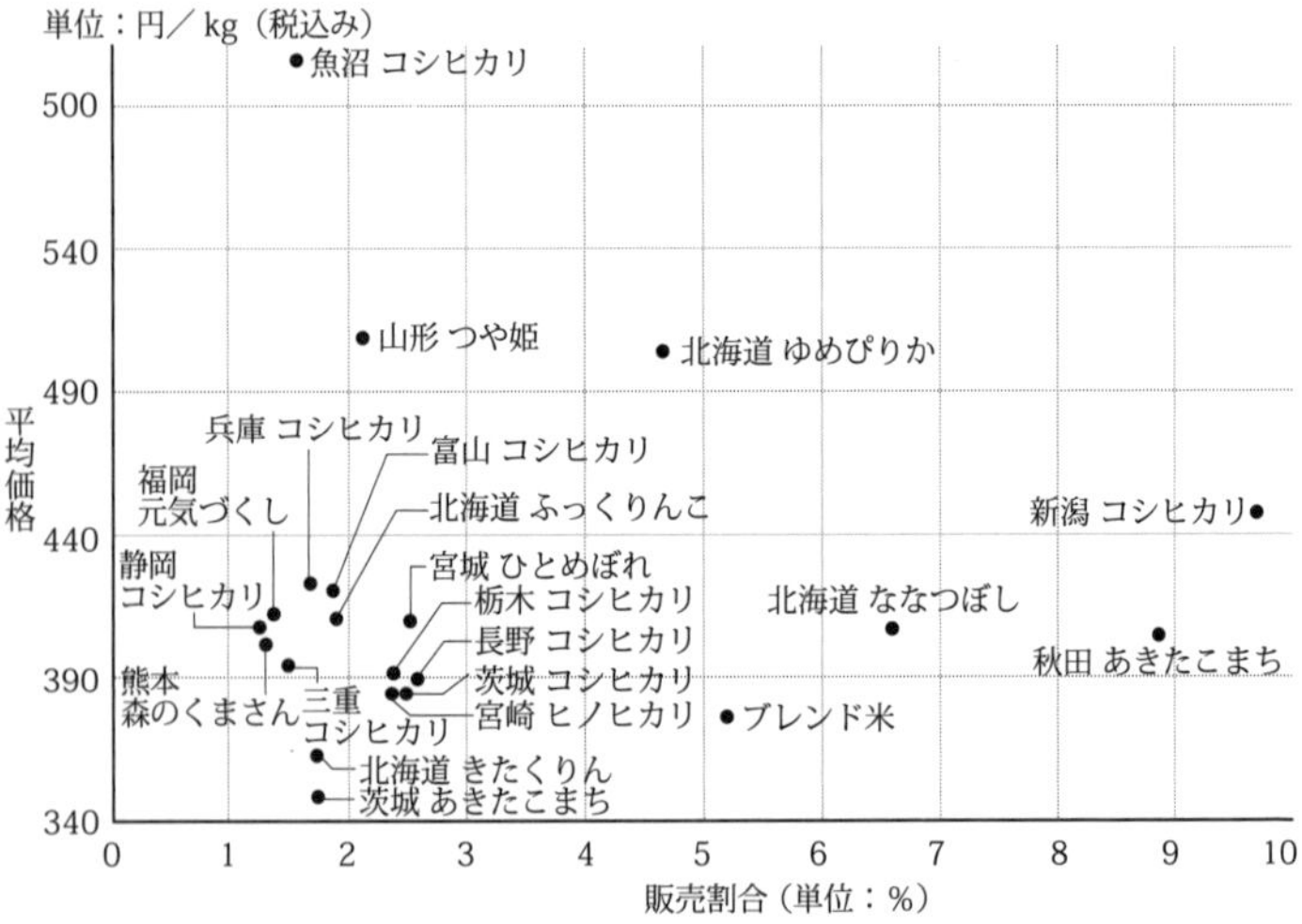

出典：米穀安定供給確保支援機構

表1－1　家庭用精米の必要量（推計）

産地銘柄	販売割合（％）	推計必要量（万トン）
新潟コシヒカリ	10.4	39
秋田あきたこまち	7.6	28.5
北海道ななつぼし	7.5	28.1
ブレンド米	4.9	－
北海道ゆめぴりか	4.2	15.7
茨城コシヒカリ	4	15
栃木コシヒカリ	3.4	12.7
北海道ふっくりんこ	2.8	10.5
宮城ひとめぼれ	2.8	10.5
宮崎ヒノヒカリ	2.1	7.8

出典：米穀安定供給確保支援機構のデータを基に筆者が推計

これで明らかなように魚沼コシヒカリの販売価格がダントツに高い。ただし、よく売れているのは新潟コシヒカリと秋田あきたこまち、北海道のななつぼしで、この三銘柄が量販店での売れ筋御三家といえる。調査は二〇一八（平成三〇）年一二月時点のもので、米穀機構は毎月調査結果を公表していたのだが、二〇一九年四月でこの調査を止めてしまった。今となっては大変貴重な調査データである。その月の売れ筋商品ベスト二〇産地銘柄まで公表していたので、今どのような産地銘柄のコメが売れているのかよくわかった。それだけでなく、POSデータから一年間に必要とされる産地銘柄の量が推計できた。

量販店で一番の売れ筋商品である新潟コシヒカリは、POSデータで一〇・四パーセントという高いシェアを示している。単純に家庭用精米として販売されているコメの総量にこのシェアを掛けると三九万トンという数字が出てくる。同じように量販店の販売割合シェアから秋田あきたこまちの必要量を算出すると、二八万五〇〇〇トン、ななつぼしは二八万一〇〇〇トンになる。もちろん量販店で販売される産地銘柄はとても数が多く、各産地銘柄のシェアも価格によって変動することはいうまでもない。

ただ、その銘柄のシェアが落ちても、売れ筋の新潟コシヒカリと秋田あきたこまちは「量販店店頭に置かなくてはならないコメ」なので、あまりにも作柄が悪く検査数量が少ないと、絶対量不足を起こしてしまう。

それが現実に三〇年産米で起きた。三〇年産水稲の作柄は、秋田が作況指数九六、新潟が九五で、やや不良になってしまった（作況指数は一〇アール当たりの平年収量を一〇〇として計算する）。検査数量はその年の一一月末までで、新潟コシヒカリが二九年産の同時期に比べ二万四九五二トン少ない二三万八八〇〇トン。秋田あきたこまちが七四二八トン少ない二二万二三四五トンに留まった。いずれも作況指数以上に検査数量が少なかった。

その結果、六月から九月上旬までの端境《はざかい》期に両銘柄とも市中相場が高騰した。新潟コシヒカリは一俵二万円を超え、あきたこまちも一万八〇〇〇円を超えるまでになってしまった。

検査数量が作況指数から推計した生産量より少なかったのは、登熟期の天候不順でちゃんとした粒（整粒）にならなかったものが多く、こうしたコメが検査基準の一等～三等まで品位が上がらず、特定米穀扱い（いわゆるクズ米）になってしまったことが大きい。

もう一つ、市中相場が高騰した要因として指摘しておかなければならないことがある。米卸等の納入業者が量販店などに供給する際、事前に相手が求める産地銘柄の必要量を契約することになっている。この契約は供給責任を伴うため、「ありません」ではすまされない。

こうした契約があるため、米卸等は供給力のある全農県本部と事前契約をして、量の確保を担保する。ところが三〇年産では農協に思うようにコメが集まらず、全農県本部は途中で契約数量のカットを米卸等に通知してきた。このため米卸等は市中で新潟コシヒカリやあきたこまちを買い漁る立場に追い込まれ、市中相場がいっそう高騰する原因になった。

先物市場でも高騰が起きた。新潟コシヒカリもあきたこまちも先物市場があり、この市場で三〇年産米の受け渡しの最終となる八月限《ぎり》も高騰した。新潟県の集荷業者の中には、端境期のコシヒカリ不足に備えて先物市場で六月、八月限に買い注文を出していたことにより、六〇〇〇万円もの利益を上げた業者さえいる。

玄米六〇キロ当たりの価格が急騰したら、米卸は量販店に他産地銘柄米を提案し、それに替えてもらえばよさそうなものだが、これがなかなかできない。

このことを指してブランド米の価値といえなくもないが、ではそのブランド米の価値がどのようにしてでき上がったのかというと、これには長い歴史がある。

ブランド米PRの先駆け

ここでは、あきたこまちを例に挙げよう。あきたこまちは品種登録されてからすでに三〇年を超えている。この品種もコシヒカリ系である。

ただし、コシヒカリの血を引いているからといって、ブランド価値があるわけではない。あきたこまちも現在の地位を築くまでには、PRや販促活動に大きな資金と時間、労力を費やした。あきたこまちがデビューしたての頃、マスメディアへの露出度は際立ったものがあった。今でこそ新品種がデビューした時にテレビCMを流すのは珍しいことではないが、当時、市女笠を被った女性が美人の代表（小野小町）としてあきたこまちをPRする姿は鮮烈であった。いわゆる〝ライスレディ〟のはしりで、市女笠スタイルのこまちガールは東京、大阪といった大消費地だけでなく、各地のスーパーの店頭に立ってあきたこまちのPRを行った。

それだけでなく、秋田県経済連（当時）は、毎年収穫が終わった時期に全国の米卸を秋田県に招いて「求評会」と称する新米のお披露目式を行った。さらには、秋田県経済連は大消費地に出先機関として事務所を構え、量販店だけでなく米穀小売店のリストを作成し、拡販活動を行った。こうした日々の販促活動が、家庭用精米としてあきたこまちが不動の地位を築いた大きな要因といえる。

販売価格の設定についても「消費者が買いやすい美味しいお米」という位置づけで、トップブランドから一歩引いた「中間クラス」のコメとして店頭販売に力を入れた。一時は秋田県で作付されるコメの品種のうちあきたこまちが八割を占めるほどであった。ただ、種苗登録をしなかったこともあって、国内ばかりか（北海道を除く）、カリフォルニア州やタイ、中国といった海外にまで作付地区が広がった。

海外では、有機米生産面積では世界一といわれたカリフォルニアのランドバーグ家が、あきたこまちの有機米を生産、このコメがSBS制度（買入契約と売買契約を同時に決定すること）で日本に輸入されるまでになった。現在ではオーガニック市場が急拡大するアメリカ国内で販売した方が高く売れるため、日本向けに輸出される有機あきたこまちは急減したが、タイであきたこまちの作付面積を拡大している華僑グループもあり、再度海外で生産されたあきたこまちが日本向けに輸出されるようになるかもしれない。

では、そのあきたこまちの価格はどう決まるのか。精米五キロ当たり中間クラスのコメがスーパーの店頭で一七八〇円が売れ筋だとすると、全農あきた県本部は、その価格から逆算した玄米六〇キロ（一俵）当たりの販売価格を設定する。そこから流通経費や販促費、系統手数料などを差し引いて農家に支払う概算金を決める。もし想定した販売価格より高く売れた場合、最終精算払いの時、生産者に追加払いする。逆に、年によっては豊作で供給量が増え、大幅に販売価格を下げなくてはいけなくなるケースもあり、その時は一旦《いったん》生産者に支払った概算金を徴収するということも行われる。一般的な商取引では考えられないことだが、こうしたことができるのが農協系統の共同計算方式といわれるシステムである。

農協系統以外の商人系の集荷業者なども農協系統と同じような方式を採用するところもあるが、大方は事前に買い手である消費地の米卸等と販売価格を協議して、それに見合った価格で買い取り、集荷する。つねに価格変動のリスクが伴い、その結果は集荷業者などが負うことになる。価格を適正に判断するには、やはりその時のコメの相場と先行きをどう読むかがきわめて重要になる。

5　ササニシキの復権に賭ける

「ささ王」決定戦

ササニシキというコメの品種名を知っている人は、だいぶ少なくなったのではないだろうか。一九八〇年代まで、東京でササニシキの販売量がコシヒカリを上回っていた時期があったといっても信じてもらえそうにない。コメの制度が変わり、自主流通米が出回り始めた頃には、東京に搬入されるコメのうち最も多かったのが宮城県産のササニシキという時代が確かにあった。とくに鮨店ではあっさりした食味のササニシキは人気があった。ササニシキは当時、東北を代表する味の良いコメとして一世を風靡したが、コシヒカリに押され、現在では宮城県の一銘柄に留まっているにすぎない。

そのササニシキが凋落した最大の原因は一九九三（平成五）年の大凶作で、冷害に弱いササニシキは壊滅的ともいえるダメージを受けた。作況指数が三七という、過去に経験がないような凶作で、翌年から宮城県の生産者はササニシキの作付を止め、冷害に強いコシヒカリ系のひとめぼれへ作付を転換した。

そのササニシキの復権に賭ける一人の男がいる。

ササニシキを世に送り出した宮城県古川農業試験場の永野邦明場長（取材当時。現在は退職）である。冷害に弱いというササニシキの欠点を克服した新品種東北１９３号を育種、地元の大崎市と協力して「ささ結」（品種名は東北１９４号）という商品名で売り出し始めた。ささ結をササニシキの後継品種としてブランド化すべく、ササニシキ系だけの食味コンテストまで開催している。

その「ささ王」決定戦は、二〇一七（平成二九）年一一月二二日、宮城県古川農業試験場で開催された。ササニシキと、その直系品種で大崎市が名付けたささ結の二品種に限定した食味コンテストである。このササ系品種の復権をかけたコンテストで、ささ結をブランド米にしたいという大崎市の意気込みは大変なものだった。ささ結は内閣府が主催した「ディスカバリー農山漁村の宝」で特別賞を受賞、安倍総理（当時）に試食してもらい、これを原料とした清酒をプレゼントするなどのパブリシティを行った。次項以降で「ささ王」決定戦に至るまでの経緯とともに、冷害に弱く、倒れやすいというササニシキの欠点を克服したささ結の生みの親となった永野氏のササ系品種の復権に賭ける意気込みを紹介する。永野氏はササ結以外にも新品種を開発しているが、最大の望みはササ系品種の復権なのである。

冷害に強いコシヒカリ

実はささ結の元をたぐるとコシヒカリ系の稲にたどり着く。

古川農業試験場は一九二六（大正一五）年に、宮城県農業試験場の分場農場として発足した。県農業試験場は一八九八（明治三一）年設立で、当初は仙台の長町にあり、一九二一（大正一〇）年に県南の岩沼に移転した。ただ、あまりにも南に寄っているため、北にもう一つということで古川に分場され、九五年の歴史をもつ。扱うのはコメ、麦、大豆のいわゆる普通作物で、当然、稲を中心に育種と栽培の研究を進めてきた。二〇〇一（平成一三）年には宮城県の試験場の再編があり、かつて名取にあった農業センターの稲作部門もすべて古川が引き継いだ。名取は今、園芸にシフトしている。

古川農業試験場は「ひとめぼれ」の生みの親である。ひとめぼれが東北143号として試験が開始された一九八八（昭和六三）年に、永野さんは古川に配属になった。その年は大冷害で、改めて冷害に強かった東北１４３号の評価が高まり、食味も良いということで、とんとん拍子に品種登録できるまでになった。

ひとめぼれの親はコシヒカリである。実は一九七〇（昭和四五）年の冷害で、すでに新潟県ではコシヒカリの耐冷性が強いことは知られていた。一九八〇（昭和五五）年にも冷害があり、宮城県で実態を調査したところ、なぜかコシヒカリが冷害に強いことがわかったという。それまでコシヒカリは宮城県でも作られていたが、耐冷性は意識されていなかった。

解析してわかったのは、コシヒカリが愛国の遺伝子をもらっていたということである。愛国は昔からある品種で、その系譜に陸羽20号と農林22号があり、その両方から農林8号経由で遺伝子を受け継いだのがコシヒカリだという。元を探れば、ひとめぼれは、その性質をコシヒカリから受け継いでいることになる。

古川農業試験場は、稲が寒さに強いかどうか調べるために、耐水法というのを考え出した。簡単にいえば、田んぼに冷たい水を流して耐性を調べるもので、あらゆる品種を調べ尽くしたという。その結果、改めてコシヒカリが強いとわかり、それ以降コシヒカリを使った品種育成を進めた。しかし、コシヒカリには晩生《おくて》で倒れやすく、いもち病に弱いという欠点があった。

一九八一（昭和五六）年以降、コシヒカリの子で味が良く、単稈で倒れにくい初星とコシヒカリを掛けて、のちにひとめぼれとなる東北１４３号の育種試験を開始した。先に触れたように、一九八八（昭和六三）年の冷害で再びその強さが実証される。最低三年間は続ける現地試験が終わって、一九九一（平成三）年にひとめぼれとして品種登録してデビューを果たした。そのひとめぼれも平成の時代を生き抜いて三〇年になる。

古川農業試験場は国の機関なので、研究開発の成果は広く民間で使われる。宮城県のためだけではなく、東北中南部、北関東あたりまでが対象である。

ところが、一九二七（昭和二）年に始まったこの国の予算による研究開発事業は、二〇一〇（平成二二）年に幕を閉じた。一〇〇年近く続いた、農水省の非常に評価の高い事業だったが、民主党政権の事業再編で取りやめになった。当時、長く続けたものは止めようという大合唱があった。今はすべて競争的資金で行われていて、二〇一九年でその予算が切れるということだった。競争的資金というのは、省庁などの資金配分機関が研究課題を募り、評価を行って採用された研究課題に資金を配分する仕組みである。幸いこの予算とは別に宮城県や大崎市が支援策を講じ、新品種育種事業は続けられることになった。

コシヒカリ系のひとめぼれを開発した試験場が、ひとめぼれとササニシキを掛け合わせてささ結の開発を手がけた要因の一つには、永野場長のササニシキに対しての強い思い入れもあるが、地元大崎市の鮨組合がベタつかないしゃりで鮨を握りたいと要望したことも背景にあった。実際にささ結で握るとコシヒカリを使用した時に比べ「疲れない」という評価で、酢の通りも良いという。「疲れない」というのは、いかにも職人さんたちの実感のこもった感想である。

ササニシキ系だけの食味コンテスト

本題である「ささ王決定戦」について永野さんに尋ねた。

——これは初めて開催されたのですか。

「昨年（二〇一七年）テスト的な感じで開催しました。その時は試行錯誤のようなもので、実質的には平成三〇年産が本格的な決定戦です」

——決定戦はどのような趣旨で開催されるのですか。

「今、全国で開催されている食味コンクールは、コシヒカリ系でしか一番を取れないようなシステムで行われています。ササニシキ系は決してトップを取れないのです。食味官能試験はひとロかふた口の食味でしか評価しないため、結局それで評価を得るのは、粘りの強いコメです。基本的に低アミロース系かコシヒカリ系しかトップは取れないので、そういう評価軸でやるコンクールに対するアンチテーゼ、投げかけの大会ですね。食味計も、あれはコシヒカリ用の評点を出すためのものなので、採用しませんでした」

——テストのやり方が違うのですか。

「炊きたての温かいご飯で食べる、冷飯で食べる、酢飯で食べる、と三つの違う食べ方をして総合評価します。酢飯は鮨屋さんに協力して作ってもらっています」

——どんな方が参加されるのですか。

「生産者の応募条件は、ササニシキは全県、ささ結は大崎エリアのみです。審査員は六人です」

——応募してきた生産者は何名ですか。

「今回のコメの出品数は六二点です。両品種作っている生産者もいますからダブっていますが、エントリーは六二点です」

——事前審査は行われましたか。

「事前審査ではタンパク値と品質判定器で品位を見て、一五に絞りました」

——タンパク値の基準はどう評価しましたか。

「低い方を良いとして序列をつけました。コシ系は多少タンパク値が高くても食べられるのですが、ササニシキはタンパク値が食味にダイレクトに響きます。タンパク値が高いと全然だめなんです。とにかくタンパク値を重視して、それに外観（玄米の見た目）、登熟（しっかりした整粒になっているか）、整粒歩合（欠けたり割れたりした不具合のあるものを除いた割合）の三つのポイントの合計で、本選出場を一五に絞りました」

——ササニシキはあっさり系といわれますが、そのことはデータ的にわかりますか。

「やはりやわらかさと粘りのバランスが重要で、それによってコシヒカリ的なものとササニシキ的なものに分けます。ササニシキはやわらかいけれど、そんなに粘らない」

——粘りが少ないということですか。

「微妙な差ですが、やわらかさと粘りのバランスですね。コシヒカリは硬くて粘る。ササニシキはやわらかいので、その粘りをあまり感じない」

——炊いて試食した時に、ほとんどの人が区別できるぐらいのレベルですか。

「難しいかもしれない。でも鮨屋さんはわかりますよ」

——鮨屋が好むというのはどういう理由なのですか。

「握りやすいということですね。彼らは、ササニシキは疲れないといっていますね。よく空気を抱き込むともいいます。ささ結は空気を抱き込めますが、コシヒカリは空気が潰れるみたいです。粘りすぎて上手く空気を抱き込めない。だからコシヒカリは口に入れてほどける感じになりづらい。ささ結は口に入れるとほどけるというか、その食感が違います。

それから、酢との交わりが少し違うようです。コシヒカリは澱粉が表層に出てコーティングしてしまうので、酢が中に入らない。ささ結はそれほど澱粉が出てこないので酢が中に入る。ですから、酢を直接的に感じないので、すごくまろやかになる。コシヒカリは表面に酢がまとわりつくので酢をすごく感じるみたいですね。味と酢の交わり具合からみて、ササニシキがいいという人もいます」

——米屋さんの中には、ササニシキになると、コメを余計に食べるという人もいます。

「そうでしょうね。おかずと一緒に食べるとご飯が進みますから。コシヒカリ系はご飯だけで満足して、おかずが要らないから、量もいかない。コシヒカリよりもさらに低アミロース系になるとお腹にもたれます（低アミロースになるほど腹もちがいい）。ササ系は味があるわけではなく、粘りもそんなにあるわけではないので、あっさり食べられるというか、おかずを食べているとついご飯も食べてしまいます。ご飯が主張し過ぎない」

――ササニシキの子供というのはささ結だけなのですか。

「ササニシキの直系は他にはないですね」

永野さんがいうには、冷めても美味しいというのは二つのタイプがあり、コシヒカリのような低アミロース系で冷めても粘りが弱くならない美味しさと、ササニシキ系の冷めても硬くなりにくい美味しさだという。

宮城県には「だて正夢」というコメがあり、低アミロース系で味がわかりやすいということもあって、地元出身の人気漫才師を起用して盛んにPRしている。それと比べて県がささ結を奨めづらいのは、ささ結に人気が出て本家のササニシキが駆逐されることを心配しているからだという。だから、ささ結は大崎市エリアで生産され、大崎市が商標登録したとのことだった。

厳密な定義からいうと、ささ結は、品種は東北194号で、その中でもタンパク値が六・五以下で栽培基準をクリアしたものだけをいう。タンパク値は天候にも影響される。北海道のゆめぴりかは二〇一八年に基準タンパク値をクリアできず、二割ぐらいしか出荷できなかったことがある。

永野さんも、「ブランド維持のためには基準は変えられない」という。ササニシキはタンパク値が命だという。

「ささ結の食味を維持できるのはどの値か、食べ比べて判断しました。六・五パーセントを超えると明らかに美味しくなくなります。ひとめぼれでしたら七パーセントぐらいでもまったく大丈夫ですが、ササニシキは明らかに味が変わってきます。ササ系はタンパク値がすべてみたいなところがあります」

データとして見るにはタンパク値が一番いいということのようだ。ササニシキの復権がなるか、今後が楽しみである。

ササニシキ、東京に舞い戻る

東京の米穀小売店の中にも、ササニシキ系のコメを支持するところがある。世田谷区の米穀小売店水島米穀㈱の北川直常務がささ結の仕入れ販売を行うようになったのは七年前で、大手米卸の木徳神糧㈱から紹介されたという。ササニシキは二〇年以上前には扱っていたが、宮城県の銘柄米の扱いはひとめぼれに替わり、ササ系のコメを扱うことは長らくなかった。

最初にささ結を見て試食した時は、「玄米の見面《みづら》（見た目）はよく、試食してみるとあっさりした感じだが、最近はもっちり系がトレンドになっているため、消費者が受け入れてくれるか心配した」という。

社員全員で試食した際も、若い社員からは「もの足りない」という意見があった。ただ、あっさりした食感が「どんなおかずにも合いそうだ」と考え、まず長年の取引先である地元のスーパーに売り込むことにした。㈱オオゼキは地元密着型の食品スーパーで、品揃えが豊富、かつ、こだわった商品が多いことで知られている。担当バイヤーがささ結のふるさと大崎市が世界農業遺産に登録されたことを評価し、店頭販売することになった。

同時に個人経営の鮨店にも売り込みをかけた。鮨店の評価は、しゃりにした時の握りやすさが第一で、次に酢飯にした際、コシヒカリだとベタつく感じがあるが、このコメにはそれがなく、太巻きや細巻きでも包丁がサクッと入るというものだった。初年度でささ結の顧客になったのは一店だけであったが、現在は七店にまで増えた。

また、「ささ王」食味コンテストで最高賞をダブル受賞したコメの販売が、東京で初めて銀座三越と小田急百貨店の二カ所で行われた（二〇一九年四月一二日）。

銀座三越には、このコメを生産した坂井農産の坂井氏も駆けつけ、ささ結を来店者に試食提供して、その美味しさをアピールした。坂井さんは四年前から作り始め、三〇年産は一・二ヘクタール作付した。できるだけ農薬や化学肥料は使わず、主に有機質肥料を使用して生産したものを「ささ王」決定戦に出品したところ、みごと最高賞を受賞した。坂井農産では自社で精米して個人客や鮨店にも販売している。あっさりした食味にファンが付き、リピーターが増えたこともあって、二〇一九年には作付面積を一・六ヘクタールに拡大した。

このコメに魅せられて銀座三越と小田急百貨店での販売をプロデュースしたのは、コメ通販を手掛ける㈱山田屋本店（調布市）の秋沢毬衣《まりえ》氏で、「ささ王」決定戦で審査員も務めた。

ささ結の特徴について「しっとり、やわらかく、のど越しがいい。坂井さんのささ結はそれにプラス甘みもあり、ごはんだけで食べ続けられる」と絶賛している。

盛時のおもかげのないササニシキだが、地元大崎市はその後継者としてささ結の拡販に力を入れていくという。売り場が常設されている百貨店では、料理の用途に合わせて二合ずつ買う人もあり、訪日外国人の購入者も増えていることから、日本米に馴染みのない消費者にもささ結の特徴を丁寧に説明して購入につなげたいとしている。

6　変わる食味テスト

土鍋による実食テスト

新米が出回る時期に米卸や小売店が必ず行うことがある。それは新米の試食で、とくに新品種は念入りに試食する。

試食する前に玄米や精米の穀粒判別器で品位データを取り、それから試食するのだが、米穀業者の中には少し変わった試食のやり方をするところもある。この業者は同じコメを二つの炊飯方法で炊いて試食する。一つは一般的なＩＨ炊飯器で炊いて試食し、もう一つは土鍋を使った炊飯で試食する。

土鍋での炊飯を説明すると、まず玄米を八九〜九〇パーセント搗精《とうせい》（精米）する。ここまでは

ＩＨ炊飯器で炊飯する時と同じだが、洗米は笊で二〇回攪拌を二回繰り返す。研いだコメを三〇分置く。それから計量するのだが、すべて重量を計測する。それは容積重で計ると間違いが起きる可能性があるからで、正確を期すためにコメ一キログラムに対して水は一・三八キログラム。合計二・三八キログラムにしてから土鍋で炊飯する。土鍋は底が厚く熱伝導に時間がかかるものを使用する。ガスによる直火だが、炊くコメの重量によって炊く時間を決めている。なぜそんなことをしているのかというと、その業者が自社でおにぎり店を経営していることもあるが、顧客がこだわったコメを求めることが多く、「プロ仕様のコメ」が必要とされているからである。この会社の経営者はこうした炊飯の試食を通常の呼称である官能テストとはいわず「実食テスト」といっている。

知覚評価学に則った食味パネラー育成

もうひとつ変わったコメの食味テストを行っているところがあるので、そこのやり方も紹介したい。この会社は米穀業者ではなく、一般食品のマーケティングを行っている会社である。大手外食企業の委託を請けて、どのメニューにどのようなコメが合うのか調べており、そのために食味テストのパネラーを訓練して養成する。なぜならこの会社では日本式の食味テスト（23頁参照）のやり方は採用しないからである。

カリフォルニア大学には食品工学部という学部があり、ここでは「知覚評価学」を教えている。知覚評価学は第一次世界大戦後に誕生した学問で、アメリカでは兵士に食事を供給する際、いかに美味しく食べてもらえるかを研究していたのである。食欲を増進させるためには味覚だけではなく、もっと広く知覚を研究することが必要だということでこうした学問が誕生した。訓練されるパネラーは女性が多い。これは味に敏感な女性が多い穀検の食味パネラーと同じである。

くだんのマーケティング会社が知覚評価によるコメの食味テスト行ったのは訳がある。

国が日本の農林水産物や食品の輸出拡大に力を入れていることもあって、コメ業界にも日本米輸出に取り組むところが出てきた。その一つに大規模稲作生産者で組織される「東日本コメ産業生産者連合会」という組織があった（二〇二〇年末に解散）。この組織の発案で、どうやったら海外の人に日本米の美味しさを伝え、買ってもらえるようにするか討議するために専門家を招いて講演会を開くことになった。その時、著者の長年の知人がカリフォルニア大学で知覚評価学を学び、これを用いて食品のマーケティングに活かすコンサルティング会社を経営していたので、その人物にコメの知覚評価を依頼したのである。

知覚評価とは、わかりやすくいうと、食べ物を美味しいと感じるのは舌だけではなく、視覚、嗅覚、触覚、聴覚も含む五感であるとして評価を行うことで、評価項目も幅広い。評価を依頼するに当たっては、全国各地からそれぞれの地区のブランド米をコンサルティング会社に送り、知覚評価の訓練をされたパネラーが行った。

すでに三〇年産米の知覚テストの結果は出ているが、知覚評価の依頼主が大手外食企業であったので公表されていない。おそらく一般にこの銘柄がこのメニューに合うという評価とは違った結果が出てくるのではないかと予想している。

世代による好みの違い

以前、目隠しテストで米穀業者や研究者が試食して品種を当てるという食味テストが行われたことがあった。結果はほとんど当たらなかった。それには一つ理由がある。

前項で触れたように、現在出回っているいわゆる良食味といわれるコメは「コシヒカリ」の血を引く系統のコメがほとんどで、それを見分けるのは困難だ。筆者も品種の試食会に参加して数多く試食してきたが、一番ユニークだったのは、農研機構が研究所で実施した一般主食用米と多収の飼料用米の食べ比べであった。その数はざっと二〇品種以上もあったが、味覚音痴の筆者でもさすがに飼料用米とコシヒカリの区別はできた。ただ、これは笑われても仕方ないが、飼料用米がそれほど不味いとは思わなかった。大手中食《なかしょく》業者が従業員一二四名の参加を得て行った、国産ヒノヒカリとカルローズ（アメリカ・カリフォルニア州で育種したコメ。日本米の短粒種とタイ米などの長粒種の中間となる中粒種）の食味比較テストでは、二対一の割合でヒノヒカリに軍配が上がったが、意外な結果も出た。

一〇代の若い男性従業員と五〇～六〇歳の女性従業員はカルローズに軍配を上げる人が多かったのである。年代、性別によって嗜好が変わるという例かもしれない。冒頭に記した実食テストを行っている米穀業者は、プロ仕様としてコシヒカリ系ではないササニシキ系のコメを推奨する取り組みを本格化させる。なぜなら鮨用、カレー用といった用途に合うコメを提案できるので、それが「コメを多く使ってもらうことにつながる」と信じているからである。

7　日本一誉れ高いコメ――コシヒカリの味を超えるコメを

コシヒカリを世に出した試験場

名前の由来は「日本一美味しい誉れ高きお米」という「いちほまれ」。

福井県農業試験場が育種し、二〇一七（平成二九）年にデビューしたこの品種は、育種・開発が決まった二〇一一（平成二三）年に明確な目標が定められていた。

その目標とは、次の三つである。

①コシヒカリを超える良食味
②高温に強く、倒れにくい
③環境に優しい減農薬・減化学栽培

福井県農業試験場は、故石墨慶一郎氏がコシヒカリを世に送り出した試験場として知られており、その試験場で「コシヒカリを超える」品種の育種が始まったというのも、不思議な因縁である。

二〇一一（平成二三）年に試験場に「ポストコシヒカリ開発部」が設置され、地元福井県の品種はもちろん、全国から有望と思われる品種・系統約二〇万株が作付された。翌年にはその中から一万二〇〇〇株を選別し、最終的に四つの有望系統に絞った。それが越南290号から293号で、食味の特徴が安定して良いとして選ばれたのが越南291号である。291は福井とも読めるが、これはまったくの偶然だった。特筆すべきは、県を挙げてこの品種をPRすべく「ふくいブランド米推進協議会」を設立し、名称を公募したところ、全国から一〇万通もの応募があったことだろう。名称のお披露目式は、二〇一七（平成二九）年四月一九日に東京のホテルで行われた。

料理人や一般も対象とした試食アンケート

「いちほまれ」の育種を手がけた福井県農業試験場福井米研究部の小林麻子主任研究員が二〇一九（令和元）年七月にお米産業展で行った講演をもとに、新品種開発の経緯を紹介しよう。従来は試験場だけでコメの美味しさを評価してきたが、今回は消費者に直接意見を聞くことにした。実際に購入するのは女性が多いものの、男女半々の割合にした。さらにプロとして、地元福井県の料理人一〇〇人と、首都圏に出向いてさらに一〇〇人の料理人に食べてもらい、三年かけて意見を聞いた。一般の人には実際にいちほまれを食べてもらい、一五〇〇人のアンケート調査を実施した。炊飯後のご飯粒の白さややわらか過ぎない食感と優しい甘みがあるという評価だった。

コメの食味の真の評価を得るために、コシヒカリ系以外のコメを美味しいと感じる人がいるのではないか、と福井県農業試験場は県の協力を得て大規模調査を実施した。いちほまれとは別にコシヒカリ、ハナエチゼン、育種途中のさっぱり系、低アミロースのコメの四品種を食べ比べてもらったところ、意外な結果になった。

「美味しい」という答えが多かった品種は、コシヒカリよりもハナエチゼンで、それ以外のコシヒカリとは違う系統の二品種もコシヒカリより評価が高かった。とくに小学生は、男女問わず九割がコシヒカリ以外の品種を美味しいと答えている。全般的にコシヒカリはネチャネチャしていて嫌だという答えが多いが、六〇～七〇歳代はコシヒカリに軍配を上げている。世代によって食の嗜好がだいぶ違うことがわかった。こうした消費者の評価を基に新品種の育種開発が進められた。

食味のパイオニア的試験場

試験場での育種開発では、並々ならぬ試行が繰り返された。稲は自家受粉するため四三度のお湯に七分間入れて雄蕊を殺し、残った雌蕊に他の品種を受粉させる。この作業は三九度から四〇度ある室内で行われる。交配する品種は六〇品種にもなり、世代促進をしながら、より良いものを選抜する。稲は温室で年三回作れるが、良いと思われるものを試験田に手植えして、毎日稲を観察する。

育種過程では、稲の遺伝子により性質を識別する「DNAマーカー」による選別方式も取り入れており、これでいもち病に対する抵抗性や高温に対する耐性なども見る。

稲の出穂期は七月下旬から八月中旬ぐらいの炎天下で、出穂状態の確認を午前と午後の二回に分けて行う。大変な作業だと思われるが、小林主任は「楽しいですよ」とこともなげに話していた。

初年に作付された稲の数は二〇万株。選別に際して良い稲の明確な基準があるわけではなく、何年も繰り返しているうちに自分なりの評価基準ができてくるのだという。これができるのも、コシヒカリを誕生させた福井農試七〇年の歴史があるためだ。福井県農業試験場は、コメの量が求められていた食糧管理法時代から「コメの食味」も重視しており、耐病性や作りやすさなどの性質をもつ良食味品種七〇品種をストックしていた。いい換えれば、コメの食味に関してパイオニア的な試験場だったということもできる。

選択は、手植えしている試験場の圃場に入り、稲を目視するのが基本だ。何を見るのかというと、まず稲の背の高さ、いもち病等の病気が発生していないかどうか、出穂の時期などで、初年度は八人でそれを行った。既存の基準はないので、あくまで目視する人の「経験」が重要になってくる。

候補選びの過程を追ってみよう。初年度は二〇万株を一本ずつ手植えした。そのなかからまず、背の高い稲は倒伏する可能性があるので除外する。また出穂する時期が早いか遅いか中くらいかを見極める。二年目もそれを繰り返し、暑さに弱い稲も除外する。三年目にようやく食味試験に入る。小林主任がそれまでに最も神経をつかったのは、有望な稲を捨ててしまっていないかということだった。一度捨てた稲は破棄するため、再度育種することはできない。このため、育種に携わった八人は毎年それぞれが良いと思った稲をもち寄って議論を重ねた。それによって品種の偏りをなくし、選択の多様性が生まれるという効果も得られた。

そうして、最終年に残った品種は四品種になった。最大の目標が「コシヒカリを超える食味を有する品種の育種」であったため、日本穀物検定協会の食味テストのやり方に準拠すべく、試験場内に「食味専用調査室」を設け、朝から一〇種類を二時間おきに五回、計五〇種類の食べ比べを行った。それを一年間も続けた。

小林主任によれば、それだけ行うと「食味感覚が鍛えられる」という。食味は品種そのものがもつ特性以外に精米の仕方や炊飯の仕方によっても違ってくるので、精米歩合や炊飯器を替えて炊飯するなど、さまざまなテストを繰り返した。

目視は収穫後の玄米の品位にも及ぶ。玄米の品位では外観が決め手になるが、色や艶の判別は画像分析器が苦手とする分野である。

いちほまれは富山67号（後のてんこもり）を母、イクヒカリを父として誕生したもので、栽培特性は熟期が晩生《おくて》の早、草丈がコシヒカリより一三センチ低く倒れにくい。いもち病に強く、整粒歩合が高い。玄米の見た目も良く、精米でも白さ、艶が優れ、総合評価もコシヒカリを上回る。とくに炊飯米は粘りと粒感に優れ、従来品種を上回っているという。

その美味しさを小林主任は、①粒感と粘りの最高の調和、②口に広がる優しい美味しさと表現したが、その二点がどこから来るのか、いちほまれの澱粉構造に他の品種と違うものがあることは分析結果でも出ている。いちほまれは、美味しいコメの要素の一つである低アミロース米であることに加え、もう一つの澱粉であるアミロペクチンの鎖の構造が短いため、独特の弾力性が生まれるという。これによってネチャネチャしたもち米のような食感ではなく、しっかりとした粒感が得られる。

「食味」に狙いを定めて、開発の精力を注ぎ込む――小林主任から強敵コシヒカリを超えようとする熱意が伝わってきた。

8　海外から求められる「龍の瞳」

海外で売るにはGAPが要る

「龍の瞳」とは変わった名前だが、コメの名前である。正確にいうと、二〇〇〇(平成一二)年秋に今井隆氏が下呂市(岐阜県)で偶然発見した、通常よりコメ粒が一・五倍もあるコメで、二〇〇七年に「いのちの壱」という品種名で品種登録された。それを今井氏が龍の瞳というブランド名で販売している。

食味もよく、食味コンクールで何度も最優秀賞を獲得している他、「料理王国百選（同名雑誌が選ぶ食の逸品コンクール）」においてはコメで唯一選ばれ、大手航空会社の国際線ファーストクラスの機内食にも採用されている。

今井氏はこの珍しいコメを普及拡大すべく㈱龍の瞳（下呂市）という会社を設立、海外にも輸出すべく、稲作では日本で三番目となる（岐阜県では一番目）国際認証グローバルＧＡＰ（Good Agricultural Practice：農業生産工程管理）を取得した。

グローバルＧＡＰ認証（以後、ＧＡＰ認証）とは、その名の通り、農産物の生産工程の基準を定めたものだ。欧州発の適正農業規範で、世界一三〇カ国以上で実践されている世界認証である。世界での取得者数は一四万件にのぼるが、日本では最初に片山りんご㈱（青森県）が取得したものの、現在まで四〇〇件ほどしか取得していない。

この認証を得ておけば、もちろん世界での競争力が高まる。喫緊の課題としては、東京オリンピック・パラリンピックの選手村で用いられる農産物にはＧＡＰ認証が必要なのだが、国内の取得者数が少なすぎるため、食材が足りなくなると危惧されていた。二〇一八年一月現在、コメは日本の主要食材であるにもかかわらず、組織単位ではわずか三件に留まっている。

二〇一八年二月一〇日に開催された日本プロ農業総合支援機構の設立一〇周年記念講演で、自民党農林部会長の小泉進次郎衆議院議員（当時）が「全国の農業高校すべてにＧＡＰ認証を取得してもらいたい」と発言したのはインパクトがあった。なぜ、農業高校がＧＡＰ認証取得に挑戦しているのか。それは国の政策として国産農林水産物・食品の輸出が重要課題として挙げられているからである。海外マーケットでは農産物の安全性を担保する手法としてGAP認証が標準化されつつあり、その取得を推奨して、海外マーケットを視野に入れている農業高校生にエールを送った形になった。

オリンピックで使われる食材を

今井氏がGAP取得を目指したのは二〇一四年で、岐阜県の担当課長の熱心な勧めがきっかけであった。二〇二〇年東京オリンピックで使用される食材はグローバルGAP認証が必要となると聞いたことから、精通した人材のいるつくば市のグローバルGAP認証機関で研修を受け、地元で龍の瞳の生産を委託している稲作生産者を集め、その必要性を説いた。ちなみにGAPにはグローバル認証と国内認証（J-GAP）の二つがある。国や行政などが作ったGAPは恣意《しい》的なものが入るので、国際規格として認められない。グローバルGAPは民間の認証団体を通じて、統一基準でやるのが基本である。

時事通信社のデジタル農業誌『アグリオ（Agrio）』（二〇一七年五月一六日号）に、グローバルGAPを推進する一般社団法人GAP普及推進機構の今瀧博文事務局長が寄稿している。そこで明確に述べられているのは、GAPは農場から食卓までの流れの一翼を担うものだ、ということである。

日本ではGAPだけが切り離されて議論されることが多く、「GAPが〝農場から食卓まで〟のフードチェーンにおける一連の安全管理・規範の一翼を担っていること」が忘れられがちで、GAPは一般消費者のものでもあるという視点が抜け落ちていると指摘している。

また、国の規範作りと民間の認証は分けて考えるべきだという。「規範の確立は行政の役割であり、認証は民間が行うのが世界貿易機関（WTO）の流れだろう。そうでなければ、認証の国際的な汎用性は確保できない」

龍の瞳の生産組合長会議に日本生産者GAP協会の田上隆一氏を招いて話をしてもらった。田上氏からは、ヨーロッパでは日本の農産物は相手にされないという指摘がなされた。次に下呂市で県主催の説明会があり、近隣生産者と集って六〇人ほどが参加した。座学のあとに籾摺り施設を用いて、どこに問題点があるか学んだ。続けて、高山市で近隣農家二五人ほどが集まって、グローバルGAPの審査法を実習で学んだ。

最初はそれほど乗り気ではなかったが、学習を深めるほど取得に向かって本気度が増した。地元で委託で稲作を行う生産者十数人から認証取得に意欲のある人に挙手をしてもらって、六人が決まった。再び田上氏に農場に来てもらい、グローバルGAP認証に必要な改善点についてさまざまな講習を受けたところ、チェック項目は二五〇項目にもなった。

取得に向けた一回目のチャレンジは取得直前まで行ったものの、事務手続きの齟齬《そご》で時間切れとなり取得できなかった。二回目のチャレンジで二〇一七年三月一一日、ドイツの認証機関より認定を得た。その時の地元の稲作生産者の認定者は六人で、今後二〇人まで増やしたいと今井氏は考えている。

GAP認証取得の最大の狙いは、龍の瞳の海外への輸出に際し、「世界的に通用する認証が必要」という判断だ。龍の瞳は、二〇一八年にアメリカの高級スーパー向けに輸出を始め、同年五月にニューヨークの店舗で販売され、先方からの強い依頼で香港の高級ホテルにも輸出した。

今井氏がGAP認証を受けた理由には、委託生産農家の生産工程を統一することもあったという。同社では、龍の瞳を生産する田んぼの栽培指導は従来から行っていたが、農薬の散布がきちんとされているのか、その保管に遺漏はないのか、籾摺りした玄米がどういうルートで入ってくるのか、把握していなかった。栽培履歴に記載されていることが実態をきちんと反映したものかどうかも、検証されていなかった。たとえば委託農家に栽培方法を書いた伝票を出すようにいうと、「疑っているのか」という話になって、気まずい思いをすることもあった。

今井さんが気に入ったのは、グローバルGAPは最初から高い目標を掲げるのではなく、「悪いものをなくしていく」という間口の広い考え方をとっていた点である。「人間的であり、本能的に入りやすい」と今井さんはいう。その思想は、経営などにも応用できると捉えている。

グローバルGAPに四つの柱

グローバルGAPには、そこで働く人の安全、環境への配慮、食品の安全性、持続可能な農業という、四つの柱がある。たとえば働く人の安全については、健康診断を受けているか、現場で手洗いができているか、ケガをした時どうするのか、事故や病気などで倒れた時にすぐ救急車が呼べるようマニュアルができているのかなど、内容は多岐にわたっている。

他にも、危険物にその旨の表示があるか、蛍光灯が何かの拍子で割れて籾などに混入することも考えられるので壊れにくい蛍光灯にしているか、割れた際も飛散しないように防御しているかなど、細かいことがいっぱい決められている。一軒の委託農家を検査するのに八時間はかかったというが、今井さんのところは一一時間に及んだ。

「まず文書管理規定から作りました。それで、文書でどういう指示がなされているのか、その文書はどこにありますか、それはどういうふうに決裁されていますか、どこに綴られていますか、様式はどんなものですか、文書番号は時系列ごとにちゃんと記してありますか、と聞かれました。最初はビックリしました」

GAPは販売上、有利になる

今井氏はグローバルGAPを県の三つの生産組合の全組合員六〇人に広げたいと考えている。現在、取得者六人が耕作する合計面積は四・八ヘクタールだが、当面二〇人で二〇ヘクタールを目指している。その二〇人は岐阜県の三つの生産組合のどれかに属しているが、今井氏はグループとして認証を受けることにしている。最終的には、自社で内部検査ができる資格を取る。内部検査の資格を取ると一括して認証を得られるため、一軒ごとの外部審査は必要なくなる。一軒ずつやっていると経費がかかって仕方がないからだという。

グローバルGAPの認証を受けた四・八ヘクタールにはグローバルGAPナンバーが与えられるが、それは玄米に与えられるもので、精米するとなくなってしまう。生産工程に与えられる認証のため、こういうことになる。

玄米の袋は三〇キロで、その玄米を使って、たとえばパックご飯を作ったとしても、グローバル認証GAP米とは謳えない。そういう意味では、付加価値の付け方が難しい資格である。

ただし、グローバルGAPとは書けないが、国際認証取得米とは書ける。あるいは、GAPと書いておけば、グローバルGAPとして受け取ってもらえる。輸出用にはそういう配慮が要るという。GAPには「良い農業の規範」という意味があるからである。とくにホテルなどでグローバルGAP米使用ということがわかれば、有利な販売戦略になると今井氏は語る。必要な時にはそれだけの価格を付けて販売する。「そうしないと経費を回収できず、単なる自己満足に終わってしまう」からである。

日本でも、海外からやってくる人たちから、「このコメはグローバルGAPじゃないの？　この野菜はグローバルGAPじゃないの？」と聞かれる機会が増えるだろう、と今井さんは踏んでいる。ただ、実際に国内でグローバルGAPのコメを使っているホテルはごく少数で、新潟県で二カ所、滋賀県で一カ所であり、他に農業高校で取得しているところが多少あるだけだという。

龍の瞳は外国人富裕層向けの味

今井社長は、龍の瞳を海外に向け輸出したいという思いが強い。「味が濃い龍の瞳は外国人向き」とまでいっている。

中国向けは依然規制が厳しく（カツオブシ虫を理由に日本米の輸入を規制している）、龍の瞳を輸出するにはさまざまなハードルを乗り越えなくてはいけないが、中国にコメを輸出している卸からは、現地の日本米価格や有機米の情報等が提供された。その一つに、これまで中国では独自に「緑色食品」という有機基準を設けていたが、これが世界的には通用しないため、海外でも通用する認証基準に改めているという。中国でも自国基準だけでは通用しなくなる、という認識が広がりだしたということだろうか。

龍の瞳は二〇一八年にアメリカに初めて三〇〇キロを輸出した。アメリカへは玄米での輸出ができないため、白米を一キロ袋で一五〇キロ、つやみがき米（龍の瞳の玄米の表皮を薄く磨いた独自の精米）を一キロ袋で一五〇キロ。ミツワというスーパーが直営店、テナントあわせて二二店舗運営していて、そこで売られている。新しくテキサスプレイノ店やハワイ店もオープンした。ニューヨークからも新たに注文が入り、全部で九〇〇キロを送り出した。

アメリカの前には台湾に輸出していた。八年前のことだが、事情があって今はストップしている。近々、香港のホテル向けに輸出する。低農薬のコメでうまさが評価されたと今井さんはいう。

「彼らは味がわかります。味が濃いですから、そういうのが外国人の好みですね。外国料理には、その方が向いています」

香港のホテルのシェフが気に入ったものの、龍の瞳の生産量が十分でなかったために三回断ったが、それでも諦めず、香港中の輸入業者に聞いて回るほどほれ込んでくれた。今井さんは一時、香港に会社を作ることも考えたことがあるそうだ。

龍の瞳を作りたいという生産者はたくさんいる。今井さんは自ら生産指導に当たっているが、技術が追いつかないために、生産者不足の状態だという。

栃木県では二〇一九年から有機JASの認証をもった農家が龍の瞳の生産を始めた。面積は二ヘクタールを超えるぐらい。栃木で有機米の生産指導をしている人との縁で始まった。今井さんの会社が管理する田んぼで作ったコメは、農薬不使用米を三キロ一万円、五キロ一万五〇〇〇円で販売している。一週間で四〇キロが売れていて、富裕層が購入している。ネットでも販売しているが、箱に入れて風呂敷に包んで高級感を演出している。

9　収穫期をずらせるのが魅力「五百川」

七月末には刈り取りができる

二〇一八（平成三〇）年の夏、七月だというのに千葉県で間もなく三〇年産水稲の刈り取りが始まるという情報を得て、地元のコメ集荷業者㈱泉屋の泉雅晴社長の案内で君津市に向かった。

君津市の稲作農家山口明さんは、二〇一七年から極早生《ごくわせ》品種「五百川《ごひゃくがわ》」の栽培を始め、二〇一八年も一・五ヘクタールに作付した。五百川の作付を始めた理由として、この品種がコシヒカリの突然変異体で食味がコシヒカリと変わらないことや、栽培時期（作期）が早く、収穫作業の時期を分散できることを挙げる。五百川の田植えは三月二〇日で、六月二五日には出穂、七月二五日頃には刈り取りができる見込みだと話していた。

取材当日（七月四日）は強い風が吹いていたが、五百川は草丈が短く、かつ疎《まば》らに植えて茎を強くしているため倒れることはないという。

収穫した五百川は、玄米で東京の米卸㈱ヤマタネに販売する他、自社で精米、袋詰めしてJA君津が運営する直売所で販売する。二〇一六（平成二八）年は一キロ当たり五五〇円で八月四日から一〇〇キロを販売したところ、一九日には完売したという。山口さんは「甘みはコシヒカリより強いのではないか」といっており、購入した消費者の反応も上々で、取材時も新米を直売所で販売する日を楽しみにしていた。

五百川という品種は、二〇〇三年に福島県中通りの生産者鈴木清和氏がコシヒカリの中から早く穂をつけているものを偶然発見、八年かけて育種したもので、二〇一〇年に福島県で品種登録された。ところがその翌年に東日本大震災があり、福島県での作付を断念、宮城県小牛田町の農家が引き継ぎ、JA古川（宮城県）やJAあきた北といった東北でも栽培されるようになった。

最大の特徴というべき極早生を活かすべく、千葉や山梨といった温暖な産地での栽培面積が広がった。とくに千葉県では、この品種を契約栽培して販路を広めようとする大手卸や米穀業者が生産者や集荷業者向け説明会を開催したことで関心が高まった。大手卸や米穀業者が強調する五百川の魅力は「盆前に新米が収穫できること」で、食味評価もコシヒカリ並みに高いことから、差別化商品として期待されている。

早出し競争のマイナス面

五百川を宮城県や秋田県で契約栽培し、千葉県で三〇年産から普及拡大を図っている木徳神糧㈱の石森好宏仕入業務部長によると、令和元年産米の契約数量は四〇〇トンまで拡大した。同社が五百川の契約栽培に熱心なのは、第一に、盆前に新米を消費者に提供できるからである。

盆前に新米を提供できるものといえば、最も早いものが沖縄県石垣島で生産される「ひとめぼれ」で、七月初めには東京に顔を見せる。その後が種子島のコシヒカリ、それに続き鹿児島県本土、宮崎県産コシヒカリである。生産量が多い宮崎県産コシヒカリは「早期米の太宗（帝王の意）」といわれ、過去にはどこの卸が最も早く東京で販売できるか競争が行われ、価格も新潟コシヒカリ並みという時代があった。

しかし、消費者の新米に対する価値観が変わったことから、こうした南九州の早期米に対する需要は萎んでしまった。新米への希求が弱くなったのだ。

新米に対する意識が変化した理由は、一つにはコメの保管環境が大きく変化したことがある。気温が上昇する五、六月にかけて常温から低温（一〇度から二〇度に保たれた定温倉庫）に移動保管するのが当たり前になり、新米と古米の食味差はそれほど感じられなくなった。もう一つには、産地側が新米商戦に煽られて、いかに他産地より早く新米を出せるかと競争が激化した結果、完全に登熟していない青ゴメなどの混入が目立ち、価格の割に品位が悪くなったことが挙げられる。ともあれ、早期米に対する需要の減退の要因は、コメに限らず、以前に比べ新ものに対する消費者の価値観が変わってきたとしかいいようがない。

また、毎年のように繰り返される降雨による現地での搬出の遅れなどのトラブルで、米卸にとって非常に扱いにくい商品になったことも、人気の陰りの一因である。それに加え、近年の人手不足による運送事情の悪化で、遠方から東京に早期米を運ぶことに支障が出始めた。石森部長は「できることならすべてのコメを関東近県から仕入れたい」というほどで、米卸に限らずコメの運送問題は関係者全体にとって頭痛の種である。

大規模生産者にとってメリット大

木徳神糧㈱が五百川の契約栽培に力を入れている理由は、もう一つある。他の品種に比べて早めに田植えや収穫ができるため、栽培時期の分散を図りたい生産者にとって魅力があり、契約栽培が進むと見込んだからである。実際、作付した生産者の中には、コメ作りと海苔の養殖を兼業している生産者もおり、海苔の取り入れが始まる前に刈り取り作業を終えられる五百川を紹介されたことに感謝されたという。

また、いすみ市（千葉県）では、二〇一九年は二〇一八年より九日早く五百川の田植えが始まった。作付したのは一七〇ヘクタールという大規模生産法人の新田野ファームで、刈り取り時期は七月一〇日頃としている。大規模稲作生産者にとって作期を分散できる品種は経営上、なくてはならない要素になっている。

二〇一三年に天皇賞を受賞した茨城県龍ケ崎市の大規模稲作生産法人㈲横田農場も、収穫時期が早い品種に関心をもっている農業生産法人である。横田農場の水田耕作面積は一四二ヘクタールで、毎年五〜一〇ヘクタール規模を拡大している。特徴は田植え機もコンバインも一台で行っていることで、そのために作期を分散させる必要があり、田植えの期間は二カ月にわたる。

これだけの面積を一台の田植え機やコンバインでこなしていることも驚きだが、社長の横田修一氏は徹底的にコストにこだわっており、作付前は綿密に作業スケジュールを組み立てる。作付する品種は早生から中生《なかて》、晩生のもち米まで実に二〇品種にもなる。早生、中生、晩生は収穫時期の違いによるもので、早生の品種が最も早く成熟する。

コンタミネーション（異種混入）は許されないので、これだけの品種を作付、収穫するのは並大抵のことではない。しかし、現状は離農者が後を絶たず、大規模稲作生産者の経営面積は否応なく拡大する一方である。横田農場はスマート農業（188頁）に取り組むことで活路を見出しており、それは第4章で詳述することにする。

10　栄養素が豊富な「金のいぶき」

玄米で美味しく、機能性も高い

コメの消費減を押し留めるべく、さまざまな努力が重ねられている。ブランド米が美味しさに焦点を合わせて、高額化を狙うものとすれば、高値が嫌気されてかえって消費減を誘うことにもなりかねない。

そこで、別の利点を打ち出して、コメへのアクセスを増やしてもらおうという試みがいろいろなところでなされている。それも別の角度からの一つのブランド米戦略である。

金のいぶきは玄米で食べやすい品種として宮城県古川農業試験場が育種したもので、二〇一二（平成二四）年二月に品種登録が完了し、一般栽培が可能になった。もち米とうるち米を交配、低アミロースで粘りが強く、ふっくらと炊き上がる。冷めても硬くなりにくいという特徴があり、胚芽部分が大きく、白米と比べてγ‐アミノ酪酸（GABA）が五倍、オリザノールが一五倍など、栄養分が豊富である。

さらに、より安全に食べやすくするために㈱サタケの協力を得て、蒸気を活用した「スチームクリーン製法」で殺菌、殺卵、吸水性を向上させたことにより、これまで玄米では難しいとされていた酢飯も作れるようになった。

また、パックご飯用のコメ（玄米）に使用したところ、売れ行きが好調と聞き、二〇一五年に販売元であるパルシステム生協に取材に行った。同生協では組合員である消費者がどのような商品を望んでいるかネット等で意識調査を実施している。コメ関連では「玄米」の購入を望む声が多かったことから、二〇一四年四月から新商品として「金のいぶき」パックご飯を紹介したところ、大きな反響があった。金のいぶきは、胚芽の大きさが通常のコメに比べ三倍もあり、これを原料米として使用しているため、γ-アミノ酪酸など機能性成分が多く含まれている。

パルシステムではこの商品を単身世帯向けやファミリー層向けの商品案内で紹介したところ、一万二六八三件もの注文が舞い込み、秋口までの販売を予定していた四〇トンが一回の案内で完売した。予想以上の反響で、とくにファミリー層からの注文が多かったことは想定外だったという。

二〇一九年五月には、このコメの玄米を使って牛丼の吉野家が三年間保存できる牛丼缶詰を売り出して話題になった。吉野家は、この缶詰が栄養価が豊富であることをアピールしている。

多用途に使えるコメ

二〇一七（平成二九）年四月に玄米食推進フォーラムが赤坂のアークヒルズ森ビルで開催された。金のいぶきを中心にこのイベントを紹介しよう。このフォーラムは、玄米食を広く国内外に広めるべく一般社団法人高機能玄米協会が主催したもので、主催者を代表して尾西洋次副会長（株）金のいぶき社長）が挨拶に立った。これまで玄米食は、栄養素が豊富だということは知られていたものの、食べやすさや美味しさの点では障害があった。しかし、巨大胚芽米の金のいぶきは、食べやすく、パンや麺など幅広い食材にも使え、今までの玄米食の先入観を払拭できる。コメの栄養価をより多く取り込むことができ、グルテンフリー食品としても輸出できるなど、玄米食が大きく普及する可能性があることを述べた。

この後、「金のいぶきが拓く新しい玄米食」と題したビデオでは、東京・上野にオープンした鯖定食の店「SABAR＋」（現在、閉店）の玄米ごはんやイタリアンレストラン「FANCL BROWN RICE MEALS」での金のいぶきを使ったリゾット、居酒屋チェーン「角打ち」での焼きおにぎりなど、さまざまな調理法が映された。「普通に炊飯できるので簡単」「客の八割が玄米を注文するほど好評」などといった店側の声や来店客の感想も紹介された。

会場にはフードプロデューサーの葛西佳奈氏が金のいぶきを使ったトマトリゾットや海苔巻、冷麺、ケーキ、甘酒など一〇品を用意し、参加者が揃って試食した。

金のいぶきは機能性を謳う代表的な例だが、機能性をもったコメは他にもたくさんある。

注目を集める機能性米

コメ業界にとって最大の課題は、減り続けるコメの需要をどうやって回復させるかに尽きる。さまざまな消費拡大策が講じられているが、一向に成果は上がらず、消費減は加速している。近年、それにさらに拍車をかけているのが「炭水化物ダイエット」であろう。ご飯を食べると太るというので、若い女性を中心にご飯を食べない人が増えた。

こうした風潮を受けて、カロリーオフのコメが育種された。難消化性澱粉（Resistant starch=RS）を多く含むコメである。難消化性澱粉とは、胃で吸収されずに大腸にまで届く、野菜の食物繊維のような植物成分を有した澱粉で、この澱粉を多く含むコメのことをレジスタントスターチ米、わかりやすく〝低カロリー米〟と呼んでいる。

この難消化性澱粉を多く含むコメを育種した秋田県立大学の藤田直子教授（生物資源科学部生物生産科学科植物分子・生理グループ）は、コメ澱粉の中には「難消化性澱粉」があり、これを多く含むコメを育種して食べてもらうことによって、血糖値上昇を抑えることができ、かつカロリーオフになると解説している。

育種したコメは、多収性の秋田63号とあきたこまちを〝戻し交配（雑種に元の親の片方を再び交配すること）〟した「あきたぱらり」と「あきたさらり」という高アミロース系の二品種。あきたぱらりは、ピラフや炒飯、カレーに合うごはんとして、あきたさらりは、多収のため米粉や米ゲルにして米粉麺や菓子用として使える。食味に関しては、両者を食べ比べた男性の七八パーセントがぱらりの方が美味しいと答えた。これら二品種の他、難消化性澱粉を通常の品種に比べ一

○倍以上含む「A6」（系統名）という品種もダイエット米になりうるとした。
機能性米の中には、玄米の栄養成分をより強化したコメも育種されている。東京農業大学は二〇一八年一二月に、鉄分が通常のコメに比べ一〇倍多く含まれたコメを育種したと発表した。発表会では、同大学の研究リーダーである応用生物科学部農芸化学科の辻井良政教授と開発者の齋藤彰宏助教が説明を行った。玄米は白米に比べ繊維質が六倍、ビタミンが六倍含まれるなど生活習慣病改善に有効な成分が多く含まれているが、その中に鉄分がある。鉄分は体内で酸素を運ぶなど必須アミノ酸で一日八・五～九ミリグラムの摂取が必要だが、実際には六・五～六・七ミリグラムしか摂取されていない。とくに女性の摂取量が少なく、必要量を一五パーセント程度下回っており、貧血等の原因になっている。しかし、通常のご飯からこれだけの量を摂取するのは現実的でないため、鉄分を通常のコメに対して一〇倍含むコメを育種したという。
このコメ（高ミネラル突然変異体）は台中65号と朝紫を交配して育種したもので、黒米と白米の二種類があり、鉄分は玄米で一〇倍含まれるが精米でも三倍含まれており、かつマンガン、マグネシウムといった成分も多く含まれている。遺伝子組み換えではなく、一般栽培して流通することができるので、多様な機能性をもたせたコメとして付加価値商品になりうるとしている。

物性を自在にコントロールできる米ゲル

他にも成分を強調したコメをいくつか紹介しておきたい。

まずは低アミロース米である。さまざまなコメを育種している農研機構では、低アミロース米について「もち米とうるち米の中間のおコメです。つまりコメのアミロース含量が三〜一七パーセント程度で、うるち米よりもアミロース含量が低くなっています。このため低アミロース米は、普通のうるち米より、よく粘り、つやつやしてやわらかくておいしいご飯になります」と説明している。比較的知られている品種としては、「ミルキークイーン」やその同系統である「スノーパール」「シルキーパール」、北海道で育種された「彩《あや》」といった品種も低アミロース米である。この品種の最大の特徴は冷めても硬くなりにくいことで、冷凍米飯メーカーの中には好んでこの品種を使うところもある。

その反対が高アミロース米で、アミロース含有量が高いコメである。炊飯しても粘りが少ないご飯になり、硬くなりやすい。この性質を利用し、米粉にして米麺の原料にしている。米麺用の代表的な品種として「越のかおり」がある。

高アミロース米を使用した「米ゲル」という商品は、農研機構が開発した。米ゲルは実験中に偶然発見されたもので、コメを製粉せずに粒のまま水を加えて糊化させ、高速せん断攪拌を施す(「ダイレクトGel転換」)と、通常の米(たとえばコシヒカリ等の中アミロース米)はペースト状になるが、高アミロース米(モミロマン)の場合は、まったく異なるゲル状の物質「米ゲル」が生成される。

米ゲルは、水分量等を調整することで、やわらかいゼリーから、高弾性のゴム状のものまで、幅広く物性の制御が可能であるため、プリン、ムース、クリーム、パイ等の多様な食品の製造ができる。シュークリームのシューとクリームの原料の小麦粉をすべて米に置き換えることも可能である。米ゲルを食品素材として、加熱、冷却、冷凍、加圧・減圧、加水、乾燥、攪拌制御、材料添加を行えば、さまざまな代替食品素材、あるいは加工食品を作ることができる。米ゲルを用いることで低カロリー食品開発の可能性も広がり、卵、油脂等の使用量を減らした洋菓子類や、小麦・卵を使わないパンや麺といった食品への利用も期待される。

一つの品種をまとめて生産するバッチ生産であれば、中小の事業者が実施することも可能であり、地域産の米を利用した高付加価値商品の開発などを通じて、農業の六次産業化（第一次産業が食品加工、流通販売にも業務展開している経営形態のこと）の推進への貢献が期待される。

11　ブランド米と小売店

全国からこだわり米を取り寄せる

生産者をめぐる話を書き進めてきたが、章の最後に小売店の話を二篇加えよう。いずれも特色ある米屋さんで、身近にこういう店があると、何かと足を運んで、コメをめぐる蘊蓄《うんちく》を聞いてみたいと思う。

一般の人のコメに対する一番の関心は、品種によってどう味が違うのか、ということだろう。

ご飯の美味しい炊き方を知りたいという人もいるだろう。あるいは、二、三種ブレンドして、自分なりの味を楽しんでみたいという人もいるだろう。小売店がそういう相談窓口になることで、おコメ好きのすそ野が広がっていくかもしれない。

まず取り上げるのは、東京都墨田区に店舗を構える合資会社亀太《かめた》商店。創業一七八二（天明二）年という老舗の米穀店で、代表の市野澤利明氏は八代目。同店は優良食品小売店全国コンクールで農林水産省食料産業局長賞を受賞するなど、しっかりした経営を行っている米穀小売店だが、コロナ禍で、得意先の飲食店向けの需要が激減、事業継続給付金を受けなければならないほどの窮地に陥った。

同店は全国のコメ産地からこだわったコメばかりを玄米で仕入れて、店内で搗精（精米）して販売するスタイルだが、その六割が飲食店向けで、コロナ禍の影響がもろに出ている。

亀太商店は業務用米で一般にはあまり知られていない銘柄ばかり仕入れている。店内に三〇キロ玄米袋に入れたまま置かれているコメを見ると「おいでまい」「結びの神」「つや姫サミット」「森のくまさん」「夢しずく」「てんたかく」といった銘柄がある。さらには福井県立福井農林高校米「あきまさり」、山形県立置賜《おきたま》農業高校米「はえぬき」、青森県立五所川原農林高校米「つがるロマン」といったコメまで置いてある。どのように仕入れているのかというと、変わったコメがあると聞くと、産地の米卸や農協に直接電話して交渉するという。仕入れる単位は三〇キロ一〇袋程度で、産地の米卸の中にはそんな少ない数量では相手にしてくれないところもあるが、そうした場合は生産者を探し出し、直接交渉することもある。それらのコメは宅配便で運んでもらうため仕入れコストが高くなるが、こだわりのコメの販売をウリにしている専門店としての必要経費だと割り切っている。

その亀太商店が一番困ったのが、相次いでデビューするブランド化を目指した新品種を確保することである。後述する（108頁）が、青森県の「青天の霹靂《へきれき》」がデビューした際は、同県初の特A評価で三村知事が男泣きしたことがテレビで放映されたこともあってか、東京のデパートに買い求める人が詰めかけた。ところが販売先が限定されていたこともあって亀太商店には青天の霹靂の入荷はなく、顧客から「あのコメないの？」といわれ、悔しい思いをした。こだわり米をウリにしている専門店としては「ない」ではすまされないので、アマゾンでキロ二八〇〇円で購入し、それを販売するという非常手段をとった。二年目からは、ようやく四〇袋を仕入れられるようになった。市野澤氏は青天の霹靂の食味について「ほどよい甘みがあり、のど越しが良く、食べた後、余韻を残さずさわやか」という表現で、和食、洋食、炒飯にも向くオールマイティのコメと評価している。

同店のコメの販売はユニークである。すべて玄米からの量り売りで、顧客の好みに応じて分搗《ぶづ》き方を変えている。玄米食を好む人には表面を軽く研削しただけの「粗挽玄米」、あとは好みに応じて三分（ぬかを三〇パーセント除去）、五分、七分まであり、さらに品種の食味や食感の特性によって七グループに区分けしている。購入した人には「お米一番」と大書したクラフト紙袋を提供、そこに購入したコメの銘柄や分量を書いたシールを張り付ける。次回はその袋を持ってくれば、そのまま話が通じるというわけである。

五回購入で一合プレゼントという販促も行っている。袋は五キロから三キロ、二キロ、一キロ、五〇〇グラムまであり、中には五〇〇グラムを三種類の違った銘柄で構成する人もいるという。こうした売り方がおコメ好きには受けており、メインの顧客である二〇～四〇歳代の女性だけではなく、リュックを背負った若い男性も美味しいコメを求めて遠方から買いに来る。告知はネットを使った動画配信を行う他、自社の最寄り駅が総武線錦糸町駅であるため総武線沿線に配布されている情報紙に「おうちごはん応援米」キャンペーンの広告を毎月出すようにした。こうした告知に効果があって店舗売りが増加したという。

おうちごはん応援米とは、業務用として確保してあるこだわり米を、一般消費者向けに価格を幾分下げて店頭販売する方法で、二〇二〇年四月に第一弾のキャンペーンを開始し、毎月販売する銘柄を替えている。七月のキャンペーンでは、富山の大規模稲作法人サカタニ農産が生産した自然乾燥の「てんたかく」を、通常価格キロ五八〇円のものを五〇〇円で販売した。値引きしたとはいえ量販店等で販売されている一般的なコメに比べ割高だが、このコメの本来の販売先はミシュランガイドで三つ星を獲得した和食料理店や、こだわりごはんを提供する店としてＮＨＫでも紹介された著名店が多く、そうした店で選ばれたコメであることは消費者にアピールする際に役立った。

こだわりのコメの中には、一世を風靡した銘柄もある。その中の一つに「ササシグレ」がある。この銘柄を知っている人はほとんどいないと思われるが、ササニシキの一世代前の品種で、特徴を一言で表現すれば「あっさり系の代表格」である。現在は栽培している生産者が限られているが、ごはんにこだわっている飲食店の中には「ササシグレでなければダメだ」というところもあり、こうした飲食店で構成される「ササシグレを食べる会」という組織まである。

今、市野澤氏が消費者に奨めている銘柄は「女神のほほえみ」や「夏ほのか」「いちほまれ」などで、そうした銘柄米の特徴を対面で消費者に伝えるようにしている。何よりも嬉しいのは一度購入した消費者から「他で買ったお米に比べてまったく違い、美味しかった」といわれることで、こうしたおコメ好きの人を対象に全国からこだわった美味しいお米を探し出し、橋渡しすることに日々情熱を注いでいる。

市野澤氏がおうちごはん応援米キャンペーンを行って実感したのは、消費者のなかにはまだまだ多くのおコメ好きがいるということである。そうした消費者のために、埋もれている各産地のこだわりのコメを探し出すことに労を厭《いと》わない。

次々に誕生する各産地のブランド化を狙った新品種についても、まず自ら試食し、その特徴を見極めて消費者に伝えるようにしている。こうした地道な作業を通じて、より多くの人におコメの美味しさを伝えたいという思いを強くしている。

コメの魅力を多角的に発信

取材に訪れたのは木曜日午後五時の少し前だった。表参道の通りから少し中に入ったところに小池精米店がある。ガラス戸を開けると、うなぎの寝床のように奥に長いつくりになっており、ところ狭しとコメ袋が並んでいる。

社長の小池理雄《ただお》氏は注文取りの電話で忙しくしていた。金曜日に翌週分のコメを届けるため、事前に確認の電話をしているのである。忘れずにFAXを送ってくる店もあるが、うっかりをなくすために電話を入れるのである。そのうちに母親がやってきて店番を替わってくれたので、近くの喫茶店で話が聞けることになった。

小池精米店の顧客の大半は和食の店舗で、カフェなどもあるが、一般客はごく少ない。店のまえの細い通りには人影が少ない。

聞けば、朝の四時から仕事を始めるという。周囲に民家がないので精米の大きな音を立ててもだれも文句をいわないし、コメを搬入するのにも人通りがなくていい。精米機は一三馬力のものを一台使っている。ふつうのものが七馬力から八馬力だから、かなり大きい。精米は従業員がやっている。もう一台増やしたいところだが、算盤との相談という。仕事場がごく狭いので、従業員と作業時間をずらして、動線を邪魔しないように工夫している。

精米以外の作業では、その日の注文状況を見て精米計画を立てたり、玄米のまま販売するために機械で混じっている小さな石を除いたり（石抜きという）、色の悪い（精米した時、黒くゴミのように見える）のを選別したりする。配達は従業員が行っているが、代行業者に頼むこともある。

小池氏はコメ業界ではちょっとした有名人といっていい。ネットでの連載を二本、紙媒体の雑誌連載を一本もっている。テレビに顔を出し、雑誌でインタビューもされている。著書もある。年に二〇回は講演に出かけ、都内でどうやってコメを売っているかという話などをしている。生産者、つまり農家の人は意外と自分たちのコメがどうやって売られているか知らないという。食味コンテストに呼ばれることもあるし、料理専門学校で品種の説明をしたり、食育の一環として小学生を相手に話をすることも多い。今回の取材時も、ネットのレシピサイトで子供向けの食育絵本の制作が進んでいると話していた。

潮目が変わったと感じたのは、「ヒルナンデス」という番組に出た時からだという。それまでは自分で飲食店に営業をかけていたが、先方から電話がかかってくることが多くなった。一度よく知られた番組に出ると、追っかけでいろいろな媒体が話をもち込んでくる。ごく最近もある男性ホビー雑誌でコメ特集をやるので協力してくれと話があったというが、このあたりは都市、それも東京にある店ならではといえるかもしれない。もちろん、そこには小池氏という人のキャラクターも大いに関係している。

彼は、本当は家業を継ぐ気はなかった、というより、そこから逃げたくて初めは編集業をやり、その後、社会保険労務士の資格を取得して人事制度設計コンサルタントの道に進んだという経歴のもち主である。いずれは独立も考えていた。

祖父が一九三〇（昭和五）年に米屋を始めて、彼が三代目である。機械を揃えたり、それなりの資金がないと始められない仕事で、祖父、そして途中までは（食管法廃止までは）父親もそれなりに儲けを出していた。

父親が病気になって手伝いに入ったのが一五年前。その時点では店は赤字状態だった。子供がいたので、必死にならざるをえない。といっても、米屋は週に二日、コンサルタント会社は週に三日というローテーションだった。

社会保険労務士の資格には三号業務というのがある。書式の決まった書類の作成とは違い、クライアントの要請と実態に合わせて賃金体系や人事制度を設計、構築するきわめて柔軟な発想を求められる仕事である。マニュアルのない、あくまでその人個人の力量がものをいう。会社としては急に辞められても補充が利かないということで、二足の草鞋《わらじ》を履くことになった。

では、米屋としてまずどこから何をやるか。赤字をくつがえすには、顧客の開拓が先である。小池氏は恵比寿、銀座をターゲットとした。渋谷は目と鼻の先だが、大きな既存の同業者がいるので遠慮した。多少はちょっかいを出したが、チェーン店が多い地域で、しかも単価が安い店が多いので、あまり積極的に攻める気になれなかったという。それに対して銀座などは鮨屋も多く、自然と単価も高くなる。店の主人と何度も相談して味を確かめ、その店独特のブレンド米を開発した。小池精米店では、そういう仕様を「プロ向け本気米」と呼んでいる。

地図を見て通りを一軒一軒潰していき、ここは脈がありそうだ、というところは後でまた訪ねていく。営業には背広姿で行った。米屋が背広で来るとは？　と相手はびっくりするが、印象に残るのは確かで、彼にはそういった奇抜なアイデアを考える才があるらしい。

それにしても、歩留りが悪い。一〇軒当たって一軒が取引をしてくれるかどうか、といった程度である。そこで思いついたのが、アルバイト情報の載った冊子を参照することだった。そこには「新規開店、バイト募集」の広告が載っている。新規の店なら食い込める可能性がある。それを拾い出して集中的に回ることで、一〇軒のうち三軒、四軒と割合が高くなっていった。不思議なことに代金の取りっぱぐれの経験は、父親の時の客で一回あっただけだ。この顧客開拓の三〜四年がいちばんきつかった時期だと振り返る。

会社員時代の経験も営業に生きた。客の意見を聞いて選択肢を用意し、そこから選ばせるという方式である。講演時にパワーポイントなどで資料を用意するのも、会社員の時の経験からお手のものである。

店で扱っている品種は四〇ほど、商品として七〇種ほど。毎年、二〇件ほど新米の味を見てほしい、と生産者から送られてくるという。正式な依頼の場合は八項目を評価し、それをシートに落とし込んで、一件五〇〇〇円で行う。毎年、同じ生産者が新米を送ってくるケースもある。無料の場合はメールで簡単に感想を送る。

評価の八項目とは、香り、見た目、硬さ、粘り、うまみ、甘味、食感、のど越しである。これにも会社員時代のノウハウが生きている。人事制度には社員の働きぶりを評価する「人事考課」

という仕組みがある。「社員の能力がある」といっても漠然としてわかりにくいので、いくつかの要素に分けて点数を付けることで、能力の〝見える化〟を行う。それを応用したのがコメの評価の八ポイントである。

小池氏は五ツ星お米マイスターの称号をもっている。それが遺憾なく発揮されたのが、二〇一九年、静岡県のお米日本一コンテストの審査員になった時だった。予選で上位に残った六品種のうちの四品種は彼が推薦したもので、さらに決勝の六品種を順位付けしたところ、一位と二位の順番が違っただけだった。「自分でも自信になりました」という。

そうした感覚はだれでももてるという。集中して、意識すれば、身に付けられるのだ、と。彼は毎朝、違うコメを炊いて食べているというから、そういう修練もあって舌が敏感になったのではないかと思うが、一般の人でも食味の感覚は磨ける、と譲らない。

コロナ禍で産地訪問もできなくなった。彼が産地に出向くのは、自分が売っているコメがどういう所で、どんな人に、どうやって作られているかも知らずに売ることはできないと思うからだ。

まだまだ、コメを広く知ってもらうための秘策をいろいろ考えているようだった。そのうちの一つが、女性陣による「おコメ大放談会」である。世間では糖質制限の声が喧《かまびす》しいが、彼の探索によると、おコメ好きの女性は意外と多く、そのような人に限って肥満体ということはない。そこで、モデルさんなどいろいろなおコメ好きに集まってもらって、コメの魅力をふんだんに話してもらい、ネットや雑誌と組んで流してみたらどうか、というのである。

当然、小池さんはブランド米賛成派である。消費者の選択肢が増えるのはもちろん、小売店として単価の高いものを売りたいということもある。それに、ブランド米は大きく宣伝を打ってくれるので、それも小売店にとってはありがたい。

品種と値段のマトリックスが頭に入っていて、その表に合わせて仕入れるコメの判断をしている。二年もすれば、そのコメの定着度が見えるそうだ。今までの米屋はただ卸がもってきたものをいわれるままに並べていただけで、おコメのことをもっと知りたいと思っているお客の相談係にはなれなかった。

彼は、「もっと川上と川下を結び付けたい」という。その仲立ちの役目を担うものこそ、米屋ではないかというのである。異色の経験をもった人がコメ業界に入り、異質の発想でビジネスを展開する。その典型を三代目の彼に見る思いである。

最後に、コメ生産の二〇万トン減について感想を聞いた。

「ぼくにすれば一〇万トンも二〇万トンも同じようなもの。自分のできることなんて限られているから、周りの人に少しでもおコメ好きになってもらうこと。それしかないですね」

とてもすっきりした言葉が返ってきた。

第2章　ブランド米の功罪

1　味にこだわりすぎたつや姫

有機米つや姫、絶賛される

コメの新品種が市場で評価され、定着するのは並大抵のことではない。中央競馬で活躍するサラブレッドを育てるより難しいという人もいる。

どういうコメを狙うのか、だれをターゲットにするのか、それにふさわしい拡販戦略をどう立てるのか。いくつもの要素を絡ませて、なおかつ他のライバルと競って、浮気性の市場を相手に戦い続けなくてはならない。考えただけでも気の遠くなるようなことに、全国各県が血道をあげているわけである。

まさにブランド化の道のりがいかに険しいものか実感させる事例を紹介していこう。品質はいいが、栽培法に制約が多いので広く行き渡らなかった事例である。

有機農産物のパイオニア企業㈱大地を守る会。現在はオイシックス㈱と合併し、オイシックス・ラ・大地㈱（東京都品川区大崎）という名前になっているが、合併前に有機米の販売状況を聞きに取材に行ったことがあった。そこで当時のコメ担当チーム長が「有機つや姫は炊飯仕立ての香りからして違う」と絶賛していた。販売価格は五キロ三五五〇円。一般的な銘柄米に比べて倍の価格にもかかわらず、有機米の中で一番人気になっていた。

何がそれほどまでに他の新品種と違うのか。

つや姫は二〇一〇（平成二二）年にデビューした新品種で、山形県農業総合研究センターが育種した。交配を開始したのは一九九八（平成一〇）年で、誕生して品種登録されるまで一〇年を超える歳月を要している。

美味しさを最大の育種目的に掲げたつや姫は、山形70号を母に、東北164号を父に育種された。両親ともコシヒカリ系統のコメであり、つや姫はコシヒカリの血を七割引き継いでいることになる。

つや姫の育種に携わった山形県農業総合研究センターの専門研究員が講演で述べたところによると、つや姫の美味しさについて味の解析を行うため、慶應大学先端生命科学研究所の協力を得たという。メタボローム解析で成分を調べたところ、炊飯米のうまみ成分であるアスパラギン酸がコシヒカリよりつや姫に多く含まれていることがわかった。

また、つや姫は炊飯米の白度が高く、その値は目視だけでなく分光測定器で計測もされている。さらに、炊き上がったご飯の粒についても電子顕微鏡で撮影した微細骨格構造の画像を紹介し、粘りの要因になる酵素活性が高いことも示し、食味の良さについて科学的なエビデンスがあることを強調した。

美味しさに関する研究が進んで、アスパラギン酸といったコメの食味評価成分では聞いたことがないような成分まで調べられ、炊飯時のご飯の粒の状態まで研究されている。ここまで保証が付いているのだから、つや姫は美味しいということなのだろう。

それにも増して印象深かったのは、デビュー当初のテレビでの積極的なCMである。吉村美栄子山形県知事が和服姿でつや姫を宣伝していた姿を記憶している方も多いかもしれない。驚くのはその効果があってか、二〇一三（平成二五）年につや姫の一般消費者認知度は七七・八パーセントまでアップした。吉村知事は自ら先頭に立ってPRに努め、国内だけでなくハワイにまで出かけて宣伝を行った。

つや姫の宣伝活動は現在でも続いており、コミュニケーション戦略の一環として、三大都市圏（関東圏・関西圏・中京圏）でのテレビCMやCM放映に合わせた販売店へのつや姫レディの派遣などを行う。とくに二〇二〇年はつや姫デビュー一〇周年ということもあって記念事業も実施された。

今やつや姫は山形県を代表する良食味ブランド米に育った印象があるが、山形県に良食味のコメがなかったわけではない。山形県だけで生産されている「はえぬき」は、一九九四（平成六）年以来、日本穀物検査協会の食味評価ランキングで現在までずっと特A評価を得ている。

先行した「はえぬき」「どまんなか」の失敗

なぜ、はえぬきはブランド米になりえなかったのか。そこには山形県独特の産地事情とコメ流通制度の変革が深く関わっている。

時代をさかのぼると、自主流通米制度が発足し、コメが食味や品質で評価されるようになった一九六九（昭和四四）年当時、この制度により知名度がアップした品種の双璧が「コシヒカリ」と「ササニシキ」だった。産地では新潟産コシヒカリ、宮城産ササニシキ、庄内産ササニシキが御三家である。当時の流通量は新潟コシヒカリが三〇万トンに対して宮城ササニシキは五〇万トン、庄内ササニシキは二五万トンで、東京で消費される自主流通米はササニシキの方が多かった。ところが先述の通り、一九八〇（昭和五五）年と一九九三（平成五）年の冷害でササニシキは凋落していく。

ただし、庄内ササニシキはやや事情が異なった。

現在、全農県本部といわれている、産地農協系統の当時の経済連は、一県一経済連が普通であったが、山形県には二つの経済連があった。一つは山形経済連、もう一つが庄内経済連である。この二つの経済連が一つになるのは二〇一二(平成二四)年なので、自主流通米制度が発足した後も、長い間山形には二つの経済連があった。ササニシキの生産に力を入れていたのが庄内経済連で、山形経済連は当初ササニシキの生産に積極的ではなかった。このため消費地では「庄内ササニシキ」のブランドが確立されていた。

ところがその庄内ササニシキは、二回目の大冷害の前年に、高温障害による乳白米(シラタ)の大発生による品位の低下で消費地での評価がガタ落ちした。このため冷害に強く良食味の品種開発が急がれ、山形県農業総合研究センターが山形県の独自ブランド米として「はえぬき」と「どまんなか」という二品種を育種して世に送り出した。ところがこの二本立て戦略と山形県だけの銘柄ということが、販売戦略上裏目に出てしまう。

一つには、はえぬきが本格的に生産され、市場に出回る頃には、「あきたこまち」と「ひとめぼれ」がコシヒカリに次ぐ売れ筋銘柄として量販店に並んでいたことがある。あきたこまちもひとめぼれも、育種した県の生産者のみに栽培を限定する戦略はとらず、どこの県でも栽培できたため、生産が一気に広まり、米卸にとっても扱いやすい銘柄であった。

山形県だけの単独ブランド米「はえぬき」は全国で流通するには絶対量が不足していた。そのため全国のコメ売り場を飾るには至らず、年を経るごとに業務用米、とくにコンビニベンダー(納入業者)のおにぎりや弁当の原料米として使われるようになった。「どまんなか」もデビュー当初は流通業界向けに盛んにPRしたが、これも山形県一県の生産に留まっていたため知名度が広まるまでには至らず、量販店のコメ売り場から消えていく。「二兎《にと》を追うものは一兎《いっと》をも得ず」ということわざ通りの経緯を辿った。

ブランド米になりにくい性質

つや姫の育種開始に当たっては、はえぬきと同じ轍《てつ》を踏まないように、ブランド化戦略も入念に練られた。具体的には、良食味ではコシヒカリと実証比較し、マーケティングでは専門家を招いてネーミングから神経をつかった。

食味や品質を担保するために栽培マニュアルを作成し、生産者の特定まで行った。また、知名度を広げるために山形単独主義はとらず、種子を求める県には供給することを決め、宮城、島根、大分、長崎、宮崎の五県でもつや姫が作れるようになった。

ただ、せっかくつや姫の栽培権利（育種者がもち、その許可を得ないと栽培できない。つや姫の場合、山形県農業総合研究センターの許可が要る）を得た県でも生産面積は広がらなかった。それは山形県がつや姫のブランドを守りたいがあまり、栽培については有機栽培か特別栽培（農薬や化学肥料の使用量が決まっている）のいずれかで栽培しなければならないという足かせを課したからである。あきたこまちやひとめぼれはそうした足かせがなく、いわゆる一般の栽培法（慣行栽培）で自由に作れる。

つや姫の場合、県内での栽培条件はさらに厳しい。玄米での粗タンパク含有量が六・四パーセント以下でなければ、つや姫として販売してはならないことになっている。冒頭に記した大地を守る会の担当者がつや姫の有機米を絶賛していた理由もここにある。

つや姫ブランド化に対してここまで栽培条件を厳しくしたのは、つや姫の品種特性上の理由もある。つや姫は晩生種で刈り取りが遅くなるため、栽培上のリスクを抱えている。それを避けるためにも、厳格な肥培管理（肥料やり、水やり、整地、耕耘《こううん》、除草、害虫駆除などの管理）が必要なのである。

その意味では、どこでも作れるあきたこまちやひとめぼれとは違い、広域流通するブランド米にはなりにくい品種であるということもできる。

つや姫を育種した山形県農業総合研究センター水田農業試験場水稲部長の中場勝氏は、つや姫が〝奇跡のコメ〟であったと振り返る。現在、各産地で高温障害による乳白米が多発しているが、つや姫はそうした障害が軽微で、高温障害にも強い品種であることが証明されているからである。

2　ブランド維持が裏目に出た「青天の霹靂」

味はいいが生産地が広がらない――つや姫の陥ったジレンマと同じようなことは他のブランド米にも起きている。

青森県の悲願

青天の霹靂――辞書には「晴れ渡った空に突然起こる雷の意」と記されている――、これがコメの品種名として登録された時は、こんな品種名もあるのかと驚いた。

しかも二〇一五（平成二七）年に開催されたお披露目式では、三村申吾青森県知事が涙を流して喜んだ姿が報じられ、驚きが倍加した。知事はなぜそれほど喜んだのか。前年試験的に作付された青天の霹靂が、日本穀物検定協会実施の食味評価ランキングで、青森県産として初めて最高ランクの特A評価を得たからである。青森県以外の東北各県はもちろん、北海道も特Aランクの評価を得た品種がいくつもあるのに、青森県だけはなかった。青森県にとっては特A評価を得る品種の登場は長年の悲願だったのである。

青天の霹靂が誕生する以前の青森県産米といえば、コメ業界では中食・外食業界で使われるいわゆる〝業務用米〟で、低価格のコメという位置づけであった。業務用米のことを「いわゆる」という表現を使ったのは、中食・外食業界で使われるコメは実に幅広く、千差万別で、必ずしも低価格のコメが業務用米というわけではないからである。当たり前のことだが、お客に提供する料理にこだわる外食店ではコメにもこだわる。使用するコメは魚沼コシヒカリのみという、うな重店もある。個人経営の店でない外食チェーン店でも、産地銘柄を指定して購買しているところは多い。ここでは過去青森県産米がそうした中食・外食で使われる量が多かったことから、あえて業務用米と表現した。

北海道からも特A銘柄が

では、なぜ青森県だけがそうした低価格のコメを生産し続けたのか。

美味しいコメの代名詞にまでなったコシヒカリの栽培北限は山形県だといわれている。コシヒカリの出穂時期は八月上旬で、登熟するまで日照と気温が必要となる。青森県で新潟県と同じ時期にコシヒカリを田植えしても、気温が低いため出穂まで時間がかかり、出穂の時期が八月下旬になってしまう。そうすると、光合成が十分に行われず、美味しいコメにならないのである。

もちろん地元の農業試験場も、良食味のコメの育種を怠っていたわけではない。一九八八（昭和六三）年には「つがるおとめ」、平成に入ってからは「つがるロマン」「まっしぐら」といった青森県を代表するコメが育種された。一時はこの両品種で、青森県で作付される品種のうち九六・二パーセントを占めるまでになった。ただ、残念ながらこの両品種が日本穀物検定協会の食味評価ランキングで特A評価を得られることはなかった。

その間に、青森県と同じく業務用米の一大産地であった北海道では、二〇一〇（平成二二）年に「ななつぼし」が、二〇一一（平成二三）年には「ゆめぴりか」が特A評価を獲得、一躍量販店での売れ筋商品にのし上がった。東北、北海道というコメ産地で青森県だけが取り残された形だった。県の稲作生産者や農協、集荷業者などコメに携わる人が焦るのも無理はない。

それ以降、特A評価を得るのが青森県の悲願になった。特A獲得プロジェクトが動き出したのは二〇一二（平成二四）年で、農業試験場の五カ所の圃場で試験栽培していた五系統から二系統を選抜、篤農家に試験栽培を依頼するなどして選抜を繰り返した。最終的に「青系187号」が残り、公募で選ばれた「青天の霹靂」と命名、品種登録され、平成二六年産が参考品種として日本穀物検定協会で特A評価を得ることに成功した。

県は青天の霹靂を大切に育てるため、「ブランド化推進協議会」を立ち上げた。協議会では、安定した登熟気温が確保できる津軽中央と津軽西北部に作付地区を限定することにした他、栽培基準として農薬使用の回数、その成分は通常栽培の二分の一以下とすること、生産目標として一平米当たりの穂数は三五〇本、一穂当たりの穂数は八〇粒、登熟歩合は九〇パーセント、収量目標は一〇アール当たり九俵といった厳しい基準を定めた。

販売が開始された二〇一五（平成二七）年一〇月一〇日には、青森県初の特A銘柄とマスメディアにも大きく取り上げられたことや、販売数量が少なかったこともあって、即日完売の快挙を遂げた。

しかし、その後、生産が拡大するどころか、令和元年産米では逆に大幅に作付面積が減少してしまった。青森県は二〇二〇年九月二日、青森市内のホテルで「青天の霹靂五周年感謝祭」を開催したが、現実には厳しい数字が並んでいる。

令和元年産の作付面積は一五六六ヘクタールと三〇年産に比べ大幅に減少、作付希望生産者も八四三経営体から七〇八経営体に減少している。青天の霹靂の作付認定農家になるためには厳しい作付要領に従った栽培が必要になることや、三〇年産米で「まっしぐら」の価格が上向いたことから青天の霹靂の作付を止め、「まっしぐら」にシフトした生産者が多かったことが原因とみられている。今回の五周年感謝祭は再度生産者に青天の霹靂の良さを認識してもらい、作付を拡大したいという狙いがあった。

栽培方法や品質基準を設けて、生産者を登録制にしているところは青森県だけではない。岩手県の「金色《こんじき》の風」は生産基準だけではなく、販売店も登録制を敷いている。フラッグシップのコメをちゃんとしたルートで販売してブランド化したいというのはわかるが、果たして宣伝・広告につぎ込んだだけの効果が得られるのかというと、それははなはだ疑問である。

表2－1、2－2はライスピア米蔵という米穀小売業者がまとめた、最近デビューした新品種を紹介したものである。三〇年産の生産計画を達成したものは一品種もない。ブランド化のためにさまざまな基準を定めたことから、それをクリアできるだけの生産技術をもった生産者が多くないからである。コメ生産現場の現状はまさに危機的というべき状況にある。

表２－１　平成29年産デビューの水稲うるち米新品種量（北・東日本）

	29年産見込み	30年産計画	普及目標	特徴	備考
	1150ha 6000t			大粒	きらめく大粒。しっかりした粒感と粘り。甘みとコクのある味わい。味の厚み。（出荷基準）タンパク質：6.3%以下。
	100ha 500t	600ha 3000t	2000ha （10000t） ※令和２年産		【岩手118号】最高級プレミアム米。ふんわりとした食感とほどよい甘み。岩手の新しい米は「金・銀」２品種。
	250ha 1500t	500ha 3000t	1300ha 7800t ※令和３年産	大粒	【石川65号】（玄米選別）1.9ミリ。しっかりした粒感。「加賀百万石」にちなんだ名称。
	230ha 1000t		2000ha ※令和３年産	大粒	標高300メートル以上の中山間地向け。食べたときにしっかりした歯ごたえ。

出典：ライスピア米蔵

表２－２　平成30年産デビューの水稲うるち米新品種（北・東日本）

	29年産見込み	30年産計画	普及目標	特徴	備考
	120ha 600t			大粒	【越南291号】全コメ史上最高ブランド。コシヒカリ誕生の地「正統後継者」。（出荷基準）タンパク質：6.4%以下。
	7ha 35t	1000ha 5000t			【富山86号】あっさり系の薄味。コシヒカリを上回るプレミアム感。
	50ha 250t	200ha 1000t	6000ha 30000t ※令和２年産	低アミロース	【東北210号】宮城米のエース候補。もっちり食感（低アミロース品種）。アミロース含有率10～15%。
	35ha 200t	1700ha 10000t		大粒	【山形112号】つや姫の「弟分」。しっかりとした粒感。

出典：ライスピア米蔵

生産地	新品種
新潟	新之助
岩手	金色《こんじき》の風
石川	ひゃくまん穀
福島	里山のつぶ

生産地	新品種
福井	いちほまれ
富山	富富富《ふふふ》
宮城	だて正夢
山形	雪若丸

要はちゃんとしたコメを作れる生産者が激減しつつあるということである。また、県を代表する「ブランド米」という位置づけから販売価格もトップになっており、そうした高価格のコメが簡単に売れるほど今の経済環境は良くない。

もちろん、こうした稲作現場の危機的状況について行政が手を拱《こまね》いているわけではない。青森県も新たな取り組みとして「青天ナビ」というシステムを導入した。これは衛星画像を使って、青天の霹靂が作付されている圃場を撮影、その画像から稲の生育判断を行い、施肥等の栽培管理に活かそうというものだ。こうした取り組みもあって、令和二年産の作付面積は増加に転じた。

3　美味しさの追求は両刃の剣

風物詩になった大都市でのブランド米ＰＲ

新米の出回りが本格化する一〇月に風物詩のようになっているイベントがある。各コメ産地が都内で開催する新品種のお披露目式やPRである。

令和元年産米も、各産地がこぞって都内でイベントを開催した。

この新米イベント、各産地とも共通していることがある。それは必ず知事が出席することと、この時期に首都圏を始め、中京、関西地区でテレビCMを流すことである。

二〇一九年一〇月一七日、港区の東京ミッドタウンで開催された「令和元年産北海道新米発表会」。この新米お披露目式で壇上に登ったのも、鈴木直道《なおみち》北海道知事とホクレンの内田和幸会長（当時）、そしてCMのキャラクターを務めたマツコ・デラックスさんである。北海道のゆめぴりかやななつぼしのテレビCMが開始されてから二〇一九年で九年目になるが、強烈な個性を有するマツコ・デラックスさんがキャラクターを務めるようになった二〇一四年から認知度がさらにアップした。銘柄の認知度調査では東京、名古屋、大阪の三大都市のゆめぴりかの認知度は九三・二パーセントにも上昇している。

例年の新米発表会通り、マツコ・デラックスさんが美味しそうに新米を平らげたあと、その感想を会場に詰めかけたメディア関係者にトークショー方式で伝えるのだが、この時は少し珍しい場面があった。二〇一八年CMで流したブレンド米「合組《ごうぐみ》」について触れた部分で、マツコさんは「最初、合組って聞いた時は、何それって思ったわよ。絶対に売れないと思ったけどね」とストレートな表現をした。合組とは、北海道のブランド米形成協議会が定めた食味基準に達しなかったゆめぴりかとふっくりんこをブレンドしたコメの商品名である。三〇年産は天候不順で、タンパク値七・四以下という基準値をオーバーするゆめぴりかが多くなったことから、苦肉の策としてブレンドした商品を作って販売することになった。

タンパク値が基準になっている理由は、一般的にタンパク値が低いコメほど「美味しいコメ」とされているためで、各産地のブランド米もこうしたタンパク値を出荷する際の基準値として設けている。ただ、このタンパク値基準はコメ作りの現場で大きな問題になりつつある。

コメの単位当たり面積の収量を上げるには、窒素成分を多く含んだ肥料を水田に施肥することが有効な手段の一つとなる。だが、窒素肥料はコメのタンパク値を上げることにもなるため、美味しいコメ作りには窒素肥料を多く投入することはタブーとされている。

このことがもろに悪い結果を招いたのが新潟県で、令和元年産米は高温障害による乳白米（シラタ）の大発生で、主力品種のコシヒカリは一等比率がわずか二〜三割に留まってしまった。タンパク値と乳白米の発生がどのような関係にあるのか説明する前に、水稲の高温障害は、地球温暖化が加速する現在、大きな問題になっているので、そのことについてまず言及したい。

美味しさを追求すると高温障害に弱くなる

新潟県の令和元年産米検査等級の大勢がほぼ判明した二〇一九（令和元）年一〇月一五日時点で、水稲うるち米は三一万八三六九トンが受検された。このうち主力品種のコシヒカリは一九万八七七三トンで、等級格付け比率は一等二五・一パーセント（例年は八〇パーセントはある）、二等六二・八パーセント、三等一一・〇パーセント、規格外一・一パーセントとなっており、大半が二等、三等になってしまった。ちなみに他の品種はどうかというと、高温障害に強いとされるみずほの輝きの一等比率は八三・七パーセント、新之助に至っては九八・八パーセントが一等に格付けされている。

コシヒカリに高温障害による乳白米が多発した要因は、出穂直後の八月一四日、一五日と二日連続して最高気温が四〇度を超え、最低気温も三〇度を下回らなかったことにある。元々稲は亜熱帯地帯が原産地であり、高温には強いと思われているが、それでも限度がある。気温が三七度を超えると雄蕊が死んでしまい、花粉ができない。ちなみに雌蕊は四〇度まで耐えられるので、この差は新品種の育種技術に利用されている。違う品種を交配させる際に、片方の品種の雄蕊を三七度以上にして死滅させ、もう一方の品種の雄蕊の花粉を死滅させた方の品種にかけるという方法で交配させるのである。

しかし、一般圃場で当たり前に四〇度を超える日が開花期に続くとどうなるのか。

高温障害に強い品種として新之助を育種した農業試験場のＯＢも、新潟県で四〇度を超えるような日が二日連続することは想定していなかった。まさに異常気象が招いた障害といえなくもないが、それで片づけてしまうわけにはいかないことがある。

稲の高温障害は今に始まったことではない。台風のフェーン現象により、開花期に異常高温に晒されて種子が形成されない、あるいは種子が成体に育たない事態が発生し、大幅な収量減になったケースは過去にもあった。『イネの高温障害と対策』（農山漁村文化協会、二〇一一年）という著書もある、農研機構九州沖縄農業研究センターで水稲高温障害プロジェクトリーダーを務めていた森田敏上席研究員（当時）に、有効な対策のいくつかを聞いたことがある。

一つには、出穂期を遅らせること。これは暑い盛りを出穂期にするのではなく、少し涼しくなってから穂が出るように生育ステージを遅くする栽培体系にするのである。実際、高温障害に見舞われた新潟県でも、地元の農産物検査機関によると直播したコシヒカリは移植（田植え）したコシヒカリより出穂期が遅いため、障害の程度が軽微だったという。また、コシヒカリに比べ一〇日ほど出穂期が遅い新之助の一等比率が高かった要因もこれが大きい。

次が水管理で、田んぼへのかけ流し灌漑や夜間入水により穂の温度を下げること。さらに、有効な対策として挙げられるのが穂肥である。穂が出る前に窒素肥料を施肥することによって高温障害に耐性をもたせることができる。しかし、良食味米作りでは窒素肥料は食味低下の原因になるので、実際には行われておらず、乳白米多発を防げていない。新潟県の農産物検査機関も令和元年産コシヒカリが高温障害を受けた理由の一つとして「食味低下を懸念して穂肥をしない生産者が多い」ことを挙げている。

別項でササニシキの凋落は一九九三年の大冷害で大きな被害を出し、作付面積が一気に減ったことが要因だったと述べたが、流通業界ではそれ以前に食味の低下を問題視していた。生産者が多収に走り、窒素肥料を多投したことが食味の低下を招いた。ササニシキという品種はコシヒカりよりも窒素肥料投入によりタンパク値が上がり、もろに食味に影響する品種だったのである。

稲の高温障害といえば、今や常習地帯になった感のある埼玉県。関東の内陸部にあるためか、真夏日になると最高気温を更新するニュースが伝えられることが珍しくなくなった。埼玉県も高温障害対策に手を拱いているわけではなく、高温障害に強い彩のきずなといった新品種を育種し、普及に力を入れている。それでも、高温障害によるコメの品位の低下は続いており、元年産も乳白米が多発した。

関東の大規模稲作農家は、高温障害を防ぐために流し込み肥料（田圃の水口にセットして、灌漑用水と一緒に流し込む液体肥料のこと）で追肥するようになったが、兼業農家はそうしたことはやらず、一発肥料ですませることが多いという。

一発肥料とは、即効性のある肥料と緩効性のある被覆肥料が混合されている肥料のことで、田植え期に一回撒けばすむので、それですませる農家が増えている。ところが気温が上昇し過ぎると緩効性肥料が早く効きすぎて、肝心の穂が出る時期に肥料不足に陥る。稲の様子を見て追肥が必要だと判断すれは、その作業を行えばいいのだが、兼業農家にいわせると、そうした作業はしないという。なぜなら炎天下で追肥作業をすると自分が熱中症になってしまうからである。

日本の収量不足は歴然

良食味の追求に、稲作現場での高齢化や担い手の不足も加わり、結果的にコメの品位の低下を招いているわけだが、品位だけではなく生産性の低下も危惧される状況になっている。

このことは、世界各国の単位面積当たりの収量を見れば一目瞭然である。日本の水稲一〇アール当たりの平均収量は五三〇キロ程度で、過去二〇年ほどほとんど伸びていない。しかし飛行機で播種しているアメリカは毎年伸び続け、六七〇キロを超えるまでになっている。中国、韓国も日本を追い抜く収量を上げている。研究者の事例報告では、豪州ではコシヒカリを直播して一〇〇〇キロ、移植（田植え）ではエジプトで一二〇〇キロ、中国雲南省で一五〇〇キロという例も報告されている。

日本は良食味米の生産を重視して収量を犠牲にしてきたといわれているが、では収量が上がるほど助成金が多く支給される飼料用米（その地区の標準収量を一キロ上回ると一六七円が加算される）はどうか。二〇一四（平成二六）年が一〇アール当たり五五四キロ、二〇一五年が五五五キロ、二〇一六年が五四九キロ、二〇一七年が五三八キロとなっており、収量増による加算金支給というインセンティブを付けたのに、増えるどころか減っているのである。しかも、飼料用米として多収穫米を作付すると別途一〇アール当たり一万二〇〇〇円が支給されることになっており、多収穫米の作付比率は二九年産が五〇パーセント、三〇年産では五六パーセントにアップしたにもかかわらず、逆に反収は落ちた。その理由は、主食用米を作るのを止めて飼料用米を作った形にすれば、収量を得られなくても最低一〇アール五万五〇〇〇円の助成金は得られるからである。種を播いただけで管理も収穫もおざなり、つまり〝捨て作り〟をしているからで、見方を変えれば、飼料用米は稲作農家がモラルハザードを起こす要因になっているといえなくもない。

輸出で稼げるか疑問

農水省は二〇一九年一一月二〇日に開催した食料・農業・農村政策審議会食糧部会で、令和二年度（令和二年七月から令和三年六月）の主食用米需要量が七一七万トンになるという見通しを公表した。元年度に比べちょうど一〇万トン減少するとの見込みである。食糧部会で主食用米の需要が落ち込むという見通しは毎回のことで珍しいことではない。

何せ平成の三〇年間で二五〇万トンも落ち込んだのだから驚くにはあたらないが、審議会の委員に選ばれたコメ作生産者から「価格が高いのは助かるが、上がることで消費が減るとなると、目の前の利益でお客さんを逃がしているとの不安を感じる」という声も上がった。生産者でなくとも毎年落ち込む需要を見て、このままコメ作りは続けられるのかという不安が出て来るのは当然だ。こうした声に対する農水省の回答は「需要に見合ったコメの生産」で、主食用米の生産をさらに減らすために、巨額の税金を投入して飼料用米等を作らせるという方針である。飼料用米に多額の助成金を支給しなければ主食用米の供給が過剰になり、価格が下がってしまうので、こうした政策がとられているのである。

農水省は国内のコメ需要が減少するというデータだけでなく、一方で世界のコメ需要の見通しも作成している。この、USDA（アメリカ合衆国農務省）のデータに基づく海外食料需給レポートのコメの欄を見ると、二〇一〇年の世界のコメ需要量は四億四〇〇万トンだったのが、二〇五〇年には七億六〇〇〇万トン、実に一・七倍に増加すると記載されている。

国内のコメ需要は減少するが、世界に目を向ければコメ需要は年々増大する。なので日本のコメも輸出しましょう！　と旗振りを始めたのは実にわかりやすい。

ただし、輸出を伸ばすためには競合国との競争に勝たねばならず、そのためには生産性を上げる必要がある。しかし、前述したように日本の水田作は一向に生産性が上がらず、競合国との輸出競争で勝てる可能性はまずない。日本米は世界一美味しいから高くても売れるというのは幻想である。ジェトロが日本食品・農産物の輸出先国での販売状況等を調査した詳細な調査レポートをまとめており、そこには現地のバイヤーのコメントも記されている。日本米について最も多い意見は「価格が高過ぎる」というものである。

農水省は二〇一八年にコメ・コメ加工食品輸出拡大プロジェクトを立ち上げ、輸出に取り組む業者名を戦略的輸出業者としてサイトに明記している。輸出計画数量が多い㈱神明や木徳神糧㈱などのコメ輸出担当者に日本米輸出の課題について聞くと、いずれも「価格」を第一に挙げる。それが価格の問題を解決するためには、真にコメを産業化させる政策に大転換する必要がある。それができない限り、文字通り日本のコメは死に体になるだろう。

4　コシヒカリの受け皿となる品種

新之助は高温に強い

新潟県で令和元年産コシヒカリの収穫が始まった二〇一九年九月始め、新米の売り買いを行っている仲介業者から、「コシヒカリの新米サンプルを見たら真っ白だった」という情報がもたらされた。この仲介業者はあまりにも品位の低下が著しいので、産地の集荷業者に問い合わせたところ、「一等に格付けされるコシヒカリは二割もないだろう」という答えが返ってきて驚いたという。収穫が進むにつれ、それが現実であることがわかり、コメ業界で大きな問題になった（最終的には三割台）。

稲の雄蕊は三七度、雌蕊は四〇度で死んでしまうことは別項で触れたが、他にも高温障害として、高温のため実を結ばなかったり、夜の温度が高過ぎて実を付けても消耗して粒が細くなったり、澱粉の凝縮が進まず乳白米が多発したりといったことが起きる。元年産新潟コシヒカリは乳白米が多発した例だが、二〇一〇年産も高温障害による乳白米が多発したため高温障害に強い品種の育種が急がれ、そうして誕生したのが新品種〝新之助〟である。食味を追求してきたブランド米の流れとしては異例である。美味しさにプラスして高温障害に強いというのが、これからのブランド米のトレンドになる可能性がある。

新潟県は、いうまでもないことだがコシヒカリの主産地である。最もコシヒカリの作付が多かった平成一〇年代は、新潟県で作付されるコメのうち八割をコシヒカリが占めた。コシヒカリさえ作っていれば売れたので、生産者もこぞって作付した。ところがあまりにもコシヒカリが増えすぎたので、同じ時期に収穫作業が集中し、刈り遅れて品質が落ちるものも出てきた。それだけでなく、収穫されたものは乾燥させて籾摺りしなくてはならないが、いかに大きなカントリーエレベーターでも処理能力には限界があり、乾燥が間に合わないという事態も招いた。

そこで新潟県農業試験場（現新潟県農業総合研究所作物研究センター）が最初に取り組んだのが作期分散のための早生種で、「こしいぶき」などが生まれた。次に取り組んだのが晩生で良食味、かつ高温障害に強い品種で、二〇一四（平成二六）年に「新潟103号」という系統名で誕生したのが新之助である。二〇一五（平成二七）年には一般圃場一〇ヘクタールでも作付され、二〇一六年に県の奨励品種となってデビューした。

著者もその頃、新潟県の招きで農業総合研究所作物研究センターを訪れ、新之助を試食したことがある。その時は炊き立てだったこともあり、美味しいコメだと感じた。当時、東京の日本橋三越までトップセールに来た泉田裕彦知事（当時）は、「ターゲットは世界で、日本を代表する世界一のコメを世界の美食家に食べてもらいたい。お薦めは塩むすびで、ライバルは魚沼コシヒカリ」と大勢の報道陣を前に新之助の美味しさを盛んにアピールした。三越での販売は五キロ税別三五〇〇円。価格についても「プレミアムライスの新之助は棚田の有機米並みの価格を念頭に置いている。贈答品市場では贈られた方は二番では納得しない。やはり一番がいい」と一番を強調した。

新之助が一番の価格で売れ続ければいうことはない。しかし、売れるのはそうしたイベントがある時だけで、それ以降は県の期待通りとはなっていない。

流通業者が注目する「つきあかり」

新米の検査が進んだ二〇一九（令和元）年一〇月末の令和元年産の品種別等級比率は、一等比率がコシヒカリ一四・六パーセント、こしいぶき五二・〇パーセント、ゆきん子舞六五・九パーセントになっており、コシヒカリの一等比率がきわめて低かった。その後、佐渡など比較的品質の良かった地区のコシヒカリの検査が進み、全県の一等比率が上がったが、それでも最終的に三〇パーセント台に留まった。

新之助を育種した新潟県農林水産部経営普及課の石崎和彦参事（当時）にこの原因について聞いてみた。石崎参事が挙げたのが台風一〇号によるフェーン現象で、二〇一九年八月一四日に新潟県内の一ヵ所、一五日には四ヵ所で最高気温が四〇度を超えた。新潟県内で四〇度を超える日があるのは二〇一八年に続いて二回目だが、今回は夜間の最低気温が三〇度を下回らなかった日が二日間続いた。二〇一〇年にも高温障害が発生し、これを教訓に追肥等の対策をとったのだが、品位の低下を防げなかった。

また一部からは、コシヒカリBL（いもち病に抵抗性をもつように改良された、「コシヒカリ」を親とする品種群のこと）そのものが、従来のコシヒカリに比べ高温障害に弱いのではないかという指摘もある。しかしこの点については、研究所で両者を三〇度の温水で栽培してバックデータを取るなどの試験研究を行ったところ、差異は見られなかったという。コシヒカリBLというのは従来のコシヒカリにイモチ病耐性の遺伝子を加えたもので、厳密にいうとコシヒカリという品種名ではおかしいので、コメ業界では従来のコシヒカリを「クラシックコシヒカリ」と呼んで区別する人もいる。

ただ、高温障害に強いといわれる「ゆきん子舞」も一等比率が七割に届いていないことから、これまでのような高温障害対策では効果が発揮できないような気象条件になっていることが懸念される。

高温障害に強い品種としては、九州沖縄農業研究センターが育種した「にこまる」や富山県の「てんたかく」、新潟県の「こしいぶき」、山形県の「つや姫」、石川県の「ゆめみづほ」、福井県の「ハナエチゼン」、千葉県の「ふさおとめ」、福岡県の「元気つくし」、佐賀県の「さがびより」、熊本県の「くまさんの力」、宮崎県の「おてんとそだち」などが挙げられるが、これらはその県か、もしくは栽培許諾を得た県でしか栽培できず、生産地が限られている。広域栽培可能な品種として生産者や流通業者が注目している新品種に、農研機構が育種した「つきあかり」と「にじのきらめき」がある。

この二品種は高温障害に強いだけではなく、良食味で多収という特性を備えており、全国各地の新品種を試食して評価している五つ星マイスターの資格をもつ米穀小売店主の中には、「つきあかり」の食味を絶賛する人もいる。

大粒で多収・良食味の「にじのきらめき」

二〇一九年一一月に東京ビッグサイトで開催されたアグリビジネス創出フェア2019で、米穀業者とコメ生産者と一緒に農研機構のブースに出向いた。この時、生産者が「ぜひ来年作ってみたい」といっていた新品種が「にじのきらめき」であった。にじのきらめきは同じ頃行われた多収穫米の食味コンテストで受賞もしている、「コシヒカリに比べ一五パーセントも多収でかつ食味が良い」品種である。育種した農研機構次世代作物開発研究センターの前田英郎稲育種ユニット長は、この品種がコシヒカリと同じ中生品種で、「コシヒカリの受け皿になる」品種だという。

にじのきらめきの育種・開発は、やはり高温に耐性があって、収量もある品種の追求だった。農研機構には業務用品種で早生・晩生のものは揃っていたが、コシヒカリと熟期が同じ中生品種の受け皿がなかったことも開発の理由だという。

高温耐性を上げていくと、粒が小さくなる。粒の大きさと食味の関係はあまりないというものの、農家は大粒の品種を求める。しかし、一〇〇〇粒で三〇グラムを超える品種は収量が下がるそうだ。それなりの高温耐性がありながら、しかも収量もあるという、かなりのレベルの高さを狙った品種がにじのきらめきということになる。

にじのきらめきはコシヒカリに比べ一五パーセント収量が多いとされているが、農研機構はコシヒカリに比べて一〇パーセント程度多ければ多収という考えをとっている。粒の大きさと食味の関係はあまりないというものの、にじのきらめきを育種する時も、何十系統もの兄弟の中から食味や収量性を勘案しながら、最終的に粒が大きくて品質が良いものを選んだことになる。

にじのきらめきの大きな特徴として縞葉枯病に強いことが挙げられるが、北関東で普及するにはこれが絶対必要条件となる。食味に関しては、職員を中心に二〇人前後で試食したという。

私が素直に、「各産地がブランド米競争でさまざまな新品種を出しているが、一通り試食したものの、違いがわからない」といったところ、農研機構の前田さんから「これだけ食味レベルが全国的に上がっている中で、コシヒカリ系のブランド品種にそれほど大きな差はありません」という答えがかえってきて、なぜか安心したものである。

にじのきらめきの二〇一九年の作付面積は数百ヘクタール程度。とにかく種子が足りない状態だという。農家にとって作りやすい品種で、短稈なので、ある程度肥料をやっても倒れない。二〇一九年の台風でも、倒伏して収穫できなかった例はないという強さだ。

コシヒカリの作り方とどう違うのか。

「今のコシヒカリは、チッソを制限してタンパク値を低く抑え、品質を向上させるために籾数を制限します。それで家庭用のブランド米として定着した。にじのきらめきは業務用としての利用を目指した品種なので、多収がポイントとなります。コシヒカリとは異なる考え方で作る品種です」

ブランド米とは一線を画しているのか。

「にじのきらめきに限らず、われわれ農研機構が育種している品種はブランドを目指しているわけではありません。一俵いくらではなく、収量をある程度上げて一〇アール当たりの合計金額で収益を上げるという考え方をしています」

これまで、生産者は品質が一番で、タンパク値は何パーセント以下という基準を決めて生産していた。しかし業務用の場合、こういうコメなら買うという線引きを業者がする。その枠の中で、一番収量を上げた生産者が最も儲けることになる。

「場合によっては、出穂した後に実肥をやってもいい。こうしたことをいうと、コシヒカリを栽培している方からは非常識だといわれます」

チッソ肥料を与えると食味が落ちるため、投入を控えてきたわけだが、それによって高温障害への耐性に影響が出ている可能性がある。では、にじのきらめきは、チッソ肥料を多く使っても食味が落ちない品種なのか。前田氏は、「この品種も他の品種と同じで、（チッソ肥料を多量に使うと）食味は落ちるはずです」という。しかし、すべてのコメが家庭用の白いご飯として食べられるわけではない。業務用の中にはタンパク値が高くても構わないものがある。

「実需の基準に合わせて、タンパク値が上がっても多収にしようという考え方をしています。要はコメの選択肢を増やしてもいいのではないかといい続けているのです」

この言葉には深く頷いたものである。

第3章　需要に合わせてコメを作る

1　業務用米の世界

中食・外食業界の需要

ブランド米はマスコミで取り上げられることが多い。それを売り出したいと考える自治体のアプローチにも激しいものがある。

しかし、コメの消費は今や主食米がメインではない。さまざまな業務用に用いられているし、飼料用としても使われている。この章では業務用米について触れていこうと思う。スーパーでお弁当を買う、コンビニでおにぎりを買う、中華料理店でチャーハンを注文する、それはみんな、

〝業務用米〟と出合っている瞬間なのだ。

業務用米とひと口にいっても、そうしたコメが存在しているわけではない。中食・外食業界で使用されるコメを業務用と総称しているが、そこで使われるコメはまさに千差万別である。

たとえば、アメリカ大統領が訪れて話題になった鮨店は、どうやって使用するコメを決めているのか。都内の米穀業者が持ち込んだ白米を大将が手でひと掴みするだけで、産地銘柄、年産はおろか価格も聞かない。長年の勘でわかるのだと思うが、コメを差し出す米穀業者は毎回、肝を冷やしているのではないだろうか。

一方、テイクアウトの鮨店を展開するある企業は、自社工場の品質管理室に成分分析計や穀粒判別器を設置し、搬入される精米を詳しくチェックしている。

同社には、米卸から毎日フレコンバッグで精米が搬入される。それからサンプルを抽出し、新型穀粒判別器で画像解析してデータを計測する。この新型穀粒判別器が優れもので、コメ粒の大きさや〇・一ミリといった小さなひび割れ、着色粒などを瞬時に画像判別できるようになっている。

測定項目は、損傷によるコメ以外の正常粒（八九・〇パーセント以上。健全に育ったコメ、整粒ともいう）、粉状質粒（六・〇パーセント以下。高温障害などにより白濁した粒）、砕粒（七・〇パーセント以下。砕けた粒）、被害粒（二・〇パーセント以下）、着色粒（二・〇パーセント以下。カメ虫など害虫の吸い跡が黒くなったものや、カビで斑点になったものなど）、亀裂粒（四・〇パーセント以下。過乾燥などで粒に亀裂の入ったもの）。これ以外の項目としては小砕粒・異種穀粒を判別し、コメの長さや幅の平均値を測れるようになっている。また、タンパク値（六・八パーセント以下）、水分（一三・五パーセント以上）、アミロース（一八・〇パーセント以上）、食味値（七〇・〇以上）も測定している。食味値とは、「タンパク質」「水分」「アミロース」「脂肪酸度（玄米）」の四つの成分を測定し、食味方程式により算出する値である。一〇〇点満点で表し、数値が高いほど美味しいコメといわれている。ただし、その点数の付け方は食味分析器を販売しているメーカーによって違い、同じ産地同じ銘柄のコメであっても、A社は九〇点、B社は七五点というケースもある。

同じ鮨を提供している業態であっても、使用するコメをどう選定するかには、大きな違いがある。たとえば回転寿司店でしゃりを機械で製造しているところであれば、あまり粘り気が強いコメだと目詰まりを起こすケースがあるので、程よい粘りのコメを求める。

それが外食業界全体ともなれば、カレー専門店やエスニック料理店、牛丼、とんかつ店、中華など多様な業態があり、求めるコメは実にさまざまである。この違いに着目して、こだわったコメを生産し始めたコメ作農家もいる。

まず、中食・外食業界のコメ使用状況はどうなっているのだろうか。

農水省は、中食・外食業界から需要と供給のミスマッチが叫ばれていることもあってか、非常に詳しい調査結果を公表している。

表3－1と3－2はコメの販売先割合の推移と中食・外食向けの販売割合が高い産地のベストテンを記したもので、最近では群馬県がトップの座にある。

では、実際に中食・外食事業者は、自社が使用するコメについて何を求めているのか。二〇一九（令和元）年九月一一、一二日に、都内で米マッチングフェアが開催され、そこで外食最大手の㈱ゼンショーホールディングス（「すき家」「なか卯」「はま寿司」などを展開）のコメ仕入れ担当

表3－1　販売先割合の推移（単位：%）

	2015/16年	2016/17年	2017/18年
中食・外食向け	37	39	39
家庭内食向け等	63	61	61

出典：農林水産省「マンスリーリポート」

注：家庭内食向け等は、精米販売量全体から中食・外食向け販売量を差し引いたものである。

表3－2　中食・外食向けの販売割合が高い上位10県（単位：%）

	2015/16年		2016/17年		2017/18年	
1位	栃木	67	群馬	65	群馬	69
2位	福島	64	福島	65	栃木	65
3位	岡山	60	岡山	63	福島	61
4位	山形	59	栃木	63	山口	59
5位	熊本	58	宮城	57	山形	53
6位	山口	57	山口	56	岡山	52
7位	群馬	56	山形	55	埼玉	50
8位	宮城	53	佐賀	55	宮城	47
9位	佐賀	50	岩手	52	青森	47
10位	香川	49	青森	51	岩手	47

出典：農林水産省「マンスリーリポート」

注：中食・外食向け販売量が1000トン未満の都府県は除いている。

者である商品本部米穀部の坂田翔一マネジャー、中食事業者の樂膳㈱吉本博次社長の講演から、その概要を用いながら、業務用米をめぐる状況について記していこう。

国産米にこだわる

まずゼンショーホールディングスだが、さまざまな〝食〟にまつわる事業を行っているので、業務用米の用途が広い。店舗により寿司用、炒飯用、リゾット用など求めるものが異なる。一部の店舗では、玄米食を求める消費者のため、玄米で納入しているところもある。また、高アミロースのコメはタンパク制限の必要な人向けのご飯として使用できる可能性がある。コメの需要といっても、非常にバリエーションがあることがわかる。

ゼンショーグループの創業は一九八二年、横浜の生麦で弁当店をオープンしたことに始まる。そもそもがコメとの付き合いから始まった会社である。現在、外食事業、中食事業、小売事業、介護事業の四つの事業を展開しており、外食事業では国内で四八〇〇店舗を展開、一日二〇〇万人が来店、年間七億食提供している。海外ではアメリカ、東南アジアなどに牛丼店を中心に五〇〇〇店舗を出店、世界一の外食企業になることを目指している。

海外では、日本のように生産したコメを消費者まで一貫して流通できるインフラが整っていない国もあり、こうした国では必要な人材の確保も難しいため、まず社会インフラの一環として、農産物をフェアトレードした資金により学校や病院を作るという事業まで行っている。ビジネスモデルとしてマス・マーチャンダイジング・システム（MMD）を進めており、これは食材の調達から調理、販売までを一括して行う手法で、食の安全を確保するためには物流を含めすべての工程で確かな技術力が必要になる。

農家に生産を委託する契約栽培では、種子の提供に始まり、肥料もセットにして販売するなど栽培ノウハウを提供しており、多収穫米への協力を働きかけている。最初に契約栽培した生産者の面積は七畝《うね》（畑で作物を作るために間隔を空けて細長く直線状に土を盛り上げた所）という小さな面積だったこともあって、契約栽培に最低ロットというものはない。契約栽培を行う目的は、生産者に対しては安定した所得の保障であり、企業にとっては需要と供給の合致であり、国内で生産されたものを国内で消費するという大きな意味での地産地消である。「コメビジネスにロマンを感じてもらえるようにしたい」と坂田マネジャーは述べた。

全体でのコメの使用量は七万トンである。多収穫米の割合は、全体の一〇パーセントを超えるほどになっている。コメの品質については、出荷業者が玄米の検査段階で穀粒判別器による基準を作ってもらいたいとのこと。穀粒判別器で画像判別してデータ化すれば、原料精米として使用する段階で、問題があった場合、すぐに玄米段階にさかのぼってトレースできるため、問題解決がスピーディになるというメリットがある。

GAPやHACCP（ハサップ：危害要因分析重要管理点）も、安全・安心の観点から推進している。GAPは認証機関によってレベルがさまざまで、GAP認証項目も違うが、ゼンショーとしてこれで良いと判断できるものを採用している。
コメの安定的な量の確保から品質の保証まで、業務用米に求められていることのすべてがコンパクトに詰まっている例といっていい。

コストを下げる炊飯を工夫

年間一人当たりのコメの消費量はピーク時の一九六二（昭和三七）年に一一八・三キロあったが、現在は半分以下に落ち込んでいる。ただ、消費者のコメへの思い入れは強く、『朝日新聞』のアンケート調査で、最後の晩餐では何を食べたいかという問いに対して、最も多かった答えは「お寿司」だという。

共働き世帯の増加により家庭でコメを炊く量が減り、中食・外食需要が増加している。しかし、この分野でコメの供給対策がなされてきたかというと、これまでほとんど何もなされていなかった。今後は専業主婦の割合がさらに減少、すでに単身世帯が最も多くなっていることから、さらに中食・外食分野のコメ使用割合が高まると見込まれている。

業務用米の用途はものすごく細かく、納入実態も多岐にわたっている。中食・外食業界で儲かるものといえば〝粉もの〟。小麦粉から作ったパン、パスタ、うどん、ピザ、お好み焼きなどで、一食二四〇グラムで原価を比較すると、小麦粉製品は二四円に対して白ご飯は三三円になる。しかも粉ものは付加価値が付けやすい。

業務用米は価格が高騰し、下がりにくい状況になっている。それは主食米、飼料用米とでコメの取り合いになっているからである。主食米の値が相対的に高くなればそちらにコメは流れ、補助金の付いた飼料用米が相対的に高くなれば、今度はそちらへ流れる。その対処法が最大の課題になっている。樂膳㈱の独自の工夫として、食味を落とさないようにコメのブレンド内容を変えている。大型集中炊飯ラインでは大粒のコメが求められる。コシヒカリ一〇〇パーセントだと、IH炊飯器では炊けても、大型集中炊飯ラインでは生煮えや焦げになりやすく、難しい。生煮えや焦げをなくし、うまく炊飯して、いい炊き上がりの歩留りをアップさせるために蒸気炊飯を行っている。同社ではそれに赤外線ライン炊飯を組み合わせ、歩留りを一〇パーセントアップさせており、この炊飯システムは優れているため同業他社も導入した。吉本社長は、それらに適したコメを「業務用米好適米」と名付けた。

炊き具合の良さの歩留りは品種によっても違い、添加する油一つでも炊き具合が変わってくる。ポイントは炊飯時の対流の具合で、それをコントロールして砕米を少なくしている。現在、研究している品種は、みつひかり、しきゆたか、あきだわら、縁結びで、これ以外にも炊いた時に増加率のきわめて高いコメがあることがわかっている。

今後クリアしなければならない取り組みとして、契約、物流のあり方などがある。とくに契約については産地との間で商習慣の認識を深める必要がある。民間企業同士の契約であれば、約束したことは必ず履行するのが商道徳であり、ビジネスの基本だが、コメを生産している農家やJ

A等集荷業者との契約では、必ずしもそうした契約概念が通じないケースがある。コメは天候に左右される農産物であるとの理由で、契約が履行されないことがあり、仮に天候不順で予定した収量が得られなかった場合でも何らかの措置を講じるよう、しっかりした契約を結ぶことが求められる。

ただ、樂膳㈱の吉本社長によれば、それ以上に今、最も懸念していることは「将来的に自分たちが求める国産米が入手できるのか」ということである。コメをビジネスの根幹に置いている企業にとって、一番深刻な問題である。ゼンショーホールディングスがビジネスモデルとしてマス・マーチャンダイジングを推進している理由もそこにある。川上まで乗り込んで自ら必要とするコメを確保しなければならないという危機感の現れでもある。

居酒屋の全国チェーンを展開している企業の中には、産地の生産法人と共同出資した稲作耕作会社を設立、自社の社員を派遣しているところさえある。

なぜ川上までさかのぼる必要があるのか。その理由はまさに危機的ともいうべき稲作農業の将来予想があるからに他ならない。

2　コメ代わり食品の登場

一年に岐阜県分のコメ消費が減っている

年配の方なら覚えている方もいると思われるが、一九九三（平成五）年のコメの大不作（作況指数七四）の時は、コメ不足からパニックが起き、タイ米と国産米の抱き合わせ販売が強制実施された。では、その年産の水稲生産量がいくらだったかというと、七八三万トンである。令和元年産の生産量はそれより五七万トン少ないにもかかわらず、コメ不足など起きていない。農水省では毎年一〇万トンの消費減となるとしているが、それがどういうことを意味しているかというと、岐阜県で生産されているコメの量がちょうど一〇万トン程度なので、その分が一年で要らなくなるということである。一〇年で一〇〇万トンになり、これは最もコメの生産量が多い新潟県の六五万トン以上が消し飛んでしまう数量だ。

農水省が試算したコメの需要量をもう少し詳しく見ていこう。年間一人当たりのコメ消費量は二〇一九年／二〇二〇年（二〇一九年七月から二〇二〇年六月までの一年間）が五七・六キロであったが、二〇二〇／二〇二一年は〇・六キロ減って五七・〇キロになった。加えて人口が、元／二年は一億二六一四万人だったのが、二／三年には四五万人減って一億二五六九万人になると予測されるため、一人当たりの消費減に人口減が加わって一〇万トン減という数字が出てくる。

五八年前の一九六二年には、年間一人当たり一一八キロもコメを食べていたが、それが現在は半分以下にまで落ち込んでいる。近年それがさらに加速する現象が起きており、コメ業界の頭痛の種になっている。〝糖質ダイエット〟である。

キャベツライスとカリフライス

そのことが最もダイレクトな衝撃となって現れたのは、大手カット野菜メーカーがコメの代替品として「キャベツライス」を商品化、全国のスーパーで販売を始めた時だった。キャベツの芯をコメ感覚で食べる「キャベツライス」（一三〇グラム、一〇〇円）と、カレーとセットになって温めて食べるトレータイプの「キャベツライスdeカレー」（二〇〇グラム二七六円）である。㈱サラダクラブ（東京都調布市、萩芳彰社長）が、二〇一八（平成三〇）年一〇月から関東、中部、関西、中・四国、九州で販売を開始した。

この商品は、糖質が気になる人向けに、コメや麺などの主食を野菜に切り換えるもので、キャベツの芯をコメ感覚で食べる商品は国内初。キャベツの芯をコメサイズにカットして、加熱後もほのかな甘みとシャキシャキ感が残るため、炒飯やオムライスなど主食のメニューにも使えるとしている。糖質は一三〇グラム当たり三グラムでコメの一六分の一、カロリーは八分の一の二六キロカロリー、対して食物繊維は約一〇倍の三・八グラム。キャベツの芯にはアミノ酸や甘み強度の高い糖質スクロースが多く含まれている。

同社は委託工場も含めて国内に一七工場を有し、量販店等一万五〇〇〇店舗にカット野菜を供給する最大手で、発売時には月間五万パックのキャベツライスを販売するとの計画を立てていた。

同じくコメ代替商品として、オイシックス・ラ・大地㈱（東京都品川区大崎）が二〇一八年八月から販売開始したのは「カリフライス」である。販売は好調で「予想していた量の二倍売れている」（同社）という。

カリフライスは、カリフラワーを小さくカットしてご飯の代わりに食べる商品で、カロリーが低いことからダイエット食品という位置づけである。海外でカットカリフラワーがブームになっていることから、野菜キット商品の品揃えの一環としてラインアップされた。商品特徴として、白飯に比べ糖質が二四分の一、カロリーが六分の一で、「罪悪感なく食べられる」と謳っている。

購入者層は三〇～四〇歳代の女性で、ほぼ九割を占めるという。同社では宅配で販売する以外に、外食企業のトランジェットジェネラルオフィスとコラボし、「カリフライスと一二種類のサラダボール」といったメニューでも提供している。宅配では、カリフライス一袋一二〇グラムが二袋、ひよこ豆と野菜のキーマカレー（一袋一八〇グラム）が二袋入ったものが届く。カリフライスの袋には「お米の代わりにカリフライス約一人前」と謳われ、産地名と生産者名が記されている。商品は生の状態で、これをレンジで約三分間加熱し、キーマカレーをかけて食べるようになっている。

カリフライスを販売しているのは同社だけである。同社の二〇一九年三月期の決算見通しは、らでぃっしゅぼーや㈱と統合したことにより前期比二四〇億円増の六四〇億円、会員消費者数は一一万人増の三二万人になったとしたうえで、商品では食材をコンパクトにまとめたキット商品や、このカリフライスが好調だったという。

ダイエットを強調した、こうした野菜由来のコメ代替商品は、コメ需要減退にますます拍車をかけるだろう。

印刷会社が開発した、糖質七七・九パーセントカットのコメ代替品

ダイエットを謳い文句にしたコメ代替品は他にもある。

SNSに書き込まれた「久しぶりにご飯が食べられるようになって嬉しいです」。これは点滴を受けていた病人が通常食に戻った喜びを書き込んだわけではない。ダイエット中の若い女性が、糖質が普通のコメに比べて七七・九パーセントも少ないというコメを炊いて食べた時の感想である。

このコメ代替品を最初に見たのは、二〇一九（令和元）年八月に東京ビッグサイトで開催された外食ビジネスウィークという外食業界の専門展示会だった。事前にこうしたものが展示してあるとはまったく知らなかったが、ブースの正面に「糖質七七・九パーセントオフのお米」と大書してあったので、立ち寄って商品パンフレットとサンプルをもらった。

「TRICE」と名付けられたこの商品、パンフレットでは「お茶碗一杯で食物繊維レタス約九個分を含む、米粉とコーンスターチ由来の無添加食品です。普通のご飯一〇〇グラムには糖質が約三六・八グラム含まれているのに対して、TRICE一〇〇グラムの糖質はわずか八・一グラム。通常の食事として召し上がっていただくことで、腸内環境の改善をサポートします」と謳っている。通常、ご飯一〇〇グラムの糖質は角砂糖約一二個分になるが、TRICEは約二・五個分で、約九・五個分もカットされるという。あまり糖質を摂りたくないという人には魅力的だろう。

このコメ代替品を開発したのは、㈱KBSコーポレーション（小渕浩史社長）。本業は印刷業だというので、俄然興味が湧いてきた。というのも、かつて同じく印刷業が本業ながら山梨県でコメ作りの別会社を設立、タイであきたこまちの生産・販売に乗り出した経営者がおり、その発想がコメ業界の人とはまったく違っていたからだ。TRICEの代表者にも、詳しく話を聞きたくなった。

小渕社長は本業の印刷業では三代目で老舗の部類に入る。コメビジネスに乗り出そうと思ったきっかけは、本業の厳しさだった。印刷業はピーク時には七兆円の市場があったものの、年々減り続けて四兆円まで縮小、かつ寡占化が進み、大手一〇社で三兆七〇〇〇億円を占め、中小の生き残りが厳しくなった。

小渕社長の会社は食品メーカーの包装材など幅広い商品の印刷を手掛けており、社長は大手卸や米粉製造業者のトップとも面識があった。また、フィットネスクラブにも友人がおり、そこでダイエットのために糖質制限している人が多いことも聞いていた。糖質制限の代表が「ご飯」であり、それなら糖質が少ないご飯を商品化すればいいのではないかと思い立った。それが六年前で、すぐさま商品化に動き出したのだが、糖質が少ないコメなどない。難消化性の成分が多いコメは知っていたが、炊飯して食べてみるとパサパサして美味しくない。

そこで米粉とレジスタントスターチを混ぜて人工的にコメを作る方法を試してみたが、炊飯するとすぐ溶けてしまう。溶けないコメを作るにはどうすればいいのか。やがてそうした画期的な技術をもつ会社が見つかった。この会社はその製法特許を公開していない。そこと共同で通常炊飯で糖質が七七・九パーセントカットされるコメを開発した。

販売会社を二〇一八（平成三〇）年に立ち上げ、サイトでサンプル提供のキャンペーンを打ったところ、八〇〇人から依頼があるなど、上々の滑り出しだった。コメント欄に「サンプルは欲しいけど、炊飯器がない」という若い女性の書き込みが多いことに驚き、それならレンジですぐに食べられるものを作ればいいと、開発したコメを使用した白飯、鮭ピラフ、十六穀米、キノコのピラフの四種類の冷凍米飯を商品化した。糖質制限している人向けに宅配弁当を提供している企業からこのコメを使いたいという申し出があった他、大手フィットネスクラブからも商品の導入依頼があった。

さらに同社は、このコメを使った「パックご飯」を売り出した。ドライカレー、とり釜飯、海鮮炊き込みごはんの三種である。「糖質をカットしたコメなど、ご飯にした時は美味しくないだろう」と思っていたが、できたばかりの試作品を試食してみたところ、普通のご飯とあまり変わらない。小渕社長は「ダイエットを気にせずにどんどんご飯にトライしてもらいたい」という思いと、日本の伝統的(Traditional)な「米食文化」を次世代につなげたいという思いから、TRICEという商品名を付けたという。

コメ代替商品は昔からあった。古くは「人造米(麦やとうもろこしの澱粉質から作った米状の代替品)」というもので、これはコメが高価なため代替品として作られたものであり、今のダイエットを目的にしたものとはまったく違う。コメの消費減少に拍車をかけるという意味では、今の方がはるかに深刻である。

大手回転寿司チェーン店がしゃりの代わりに大根を使った鮨をメニューに加えた時にも米卸の業界に衝撃が走った。とはいえ、ある米卸の営業部長が早速その店で大根鮨を食べてみたところ、間違っても「美味しい」とはいえないしろものだったという。

3　「ご飯」を食べてもらう試み

大盛り・おかわり自由の店

コメの消費減少についてコメ業界が手を拱いているわけではない。

古くはコメが余り出した昭和四〇年代後半から、「コメ消費拡大」は叫ばれていた。以来今日まで、農水省はもちろん各自治体、全農系統、流通業界まで、「コメを食べましょう」と訴え続けてきた。以前は農水省がそのための予算を組んで、テレビCMまで流していたことがある。現在でも農水省はサイト内に「やっぱりごはんでしょ！」というページを設け、コメの消費拡大の重要性を訴えている。このページは農水省でコメ部門を統括する政策統括官自らが指示して作成しているというだけあり、力が入っている。

サイトの立ち上げ自体、政策統括官の指示による。コメの消費減は毎年一〇万トンといわれているが、現実は人口減に加えダイエット志向等で、それを超える消費減となっており、「何とかしなくてはいけない」という思いが後押しした。しかし、かつてあったコメ消費拡大予算はすでになく、とにかく無償で協力してもらえるよう各企業、団体等にお願いに回り、でき上がったものだという。このサイトの応援団として一二のリンクサイトがあることを付け加えておこう。

内容は、コメ消費拡大に関する新着情報や企業団体の取り組み、イベント情報の紹介など幅広い。機能性米を紹介するコーナーでは国立循環器病研究センターと共同開発した発芽玄米まで取り上げている。また、ぐるなびとコラボしたコーナーでは、地域ならではのご飯が食べられる店を紹介、食べログとコラボしたコーナーでは全国の「大盛り・おかわり無料」の店が都道府県別に紹介されている。このサイトを見ていると、コメの消費量が減っているというのは嘘ではないかと思えるほど、さまざまな取り組みが並んでいる。

おかわりごはんで伸びた外食チェーン店

その中の一つに全国のごはん大盛り・おかわり無料のお店というのがあった。そのサイトでは、都道府県ごとにごはん大盛り・おかわり無料の店が紹介されている。東京を見ると飲食店一三万五四九一店のうち、ごはん大盛り・おかわり無料の店は二二六一店舗もある。全国にはそうした店が六〇〇〇店舗もあるというのだから、これだけあってなぜコメの消費が減っているのか不思議なくらいだ。

以前、錦糸町でたまたま入った定食屋に「ごはん、味噌汁おかわり無料」と張り紙がしてあった。昼食を摂りながら、大きなＩＨ炊飯器が置いてあるところを眺めていると、実に多くの人がご飯をおかわりしている。おかわりできるご飯は白飯と雑穀ご飯の二種類があり、どちらもひっきりなしにお客が利用している。俄然興味が湧いて、この店でどのくらいの人がご飯をおかわりするのか知りたくなった。

この定食屋は、ほっともっとを展開する㈱プレナスが運営する「やよい軒」という大手外食チェーン店の一店で、本部にアポを取って取材に出向くと、商品企画の責任者から、なんと来店した七割の人がおかわりをするという答えを得た。創業者の祖父、塩井民次郎氏が一八八六（明治一九）年に日本橋茅場町で洋食店「彌生軒」をオープンしたという老舗で、食文化にこだわりがあり、メニューは一汁三菜が基本。

それだけにコメにはこだわっており、仕入れるコメは一般的な検査以外に「保水膜」の検査まで行い、一日に何度も試食する。炊きたてが美味しいということで、各店舗でそれぞれ炊飯し、一升炊きが基本だという。チェーン店は海外でも展開しており、グループ全体のコメ使用量は四万トンにもなる。

商品企画の担当責任者は、「当社で使うコメに選ばれると産地にとってもステータスになる」というくらい、ご飯の美味しさに自信をもっている。ただし、チェーン展開するにあたり「ご飯おかわり無料」をウリにしたわけではない。ご飯をおかわりする来店者が多かったことから試験的に一店舗で無料にしたところ好評だったため、全店舗に導入することになったという。今やそれがこの外食店発展の原動力になっている。

ご飯と主菜と副菜の割合が3・1・2の弁当

消費者にご飯を食べてもらうためのコメ業界の試みも紹介しよう。農水省がコメ消費拡大のために計上する予算はなくなったが、過去にさまざまな形でコメ業界に提供してきた金は基金として残っているため、消費拡大の予算がないというわけではない。コメ業界の総本山というべき米穀安定供給確保支援機構（米穀機構。国からの補助金や全農や米卸業界団体の会費で運営）は、年代別にきめ細かなコメ消費拡大策を実施している。妊婦にコメを主食にした日本型食生活を認知してもらうために、母子手帳と一緒にカラー刷り冊子を九〇万冊配布している他、ダイエット志向の強い二〇歳代の女性を対象に、女子大五〇校でご飯と主菜と副菜の割合を示した「3・1・2弁当箱」の体験セミナーも行っており、これらのコメ消費拡大予算として一億七〇〇〇万円を計上している。

これとは別にもち米は基金が一四億円残っており、この中からもち米消費拡大のために予算を計上、全餅工（全国餅工業協同組合）がもち米祭り、全農がマラソンへの餅配布等で二七〇〇万円ほど使っている。

コメPR予算としては、農水省が周年供給安定対策事業として新品種のPR用の予算を組んでいる。主要産地はこれを活用、かつ生産者からの拠出金も併せて、一産地四億円程度の資金でテレビCMを流している。コメ以外の作物の生産者から見ればうらやましい限りの対策が講じられているのが実態である。

ただし、これらコメ消費拡大のための広告予算に対しては、「新品種のPRをするより需要の裾野を広げることの方が先ではないか」という意見もある。これは予算を出す農水省自身の内部から聞こえてくる見解である。

流通業界では、全国米穀販売事業共済協同組合（全米販）が一一月二三日を「コメニケーションの日」と定めイベント活動を行っている。なぜ一一月二三日なのかというと、この日は新嘗祭《にいなめさい》で、古くから五穀の豊作を祝ったからで、その代表であるコメを食べてコミュニケーションしようと定められた。

コメ消費拡大の取り組みは紹介し始めたら切りがないが、これほどまでの予算や労力を注ぎ込んでもコメの消費減退が止まらないというのは、構造的な問題だといわざるをえない。

4　安くて美味しいコメが求められている

外米も欲しい外食業界

農水省の主催で毎年一一月末に開催される食料・農業・農村政策審議会では、各分野の識者が出席してコメ政策に対して意見を述べる。その中で大手中食企業の経営者の発言が印象に残った。その中食業者は、コンビニ向けの弁当やおにぎりなどデイリー品（毎日店舗に配達される食品）を一日三〇〇万食作っている。すると、年間六万トンものコメを使用しているので、価格が一円変わるだけでも、仕入れ原価に大きな影響を受けるというのだ。

需要が毎年八万から一〇万トン減っているにもかかわらず、国による備蓄米はここ数年ずっと九一万トンぐらいで推移している。備蓄米の目標数値が変わらなければ、全体に占める備蓄米の比率が毎年高まることになる。国が当年産米を備蓄米として高い割合で確保してしまうと、それだけ市場価格は上がることになる。それに転作奨励による高米価維持もある。

中食業界団体など六団体で組織される国産米使用推進団体協議会（平井浩一郎会長）は、三〇年産で、「まさかの四年連続の米価値上がり」が現実のものになったことから危機感を強めた。

全国米穀販売事業共済協同組合（全米販）に低価格米の供給を求めたのに続き、農林水産大臣にも低廉な価格のコメが供給されるよう直接要請した。

国産米使用推進団体協議会は、日本炊飯協会を始め、日本べんとう振興協会、日本惣菜協会など中食業界の主だった団体で組織され、会員社の原料米使用量は年間一三〇万トンにもなる国内コメ最大のユーザー組織である。二九年産まで三年連続の米価値上がりで三～四割も価格が高騰、「消費者への価格転嫁は困難を極め、会員社の経営は極度に疲弊している」とすると同時に、高米価による低所得者のコメ離れが進んでいることに強い懸念を表明した。

三〇年産では農協系統の概算金（農協などの集荷業者が生産者の出荷の際に支払う仮渡し金）が値上げされ、四年連続の値上がりが現実のものとなったことから、全米販会長以下三役と面談。四年連続の高騰は容認できないし、概算金値上げによる価格上昇は自ら吸収すべきで、消費者・実需者への「つけ回し値上げは受け入れ不可能」との要請書を手渡した。

要請書を取りまとめた福田耕作顧問は、協議会会員社の経営の苦境とともに、低所得者が高値のコメを購入できず、コメ離れを起こしていることを強く懸念、食管法時代にあった低価格の〝標準価格米〟の復活を求めている。具体的には、国産米で低廉な原料が確保できない場合、外国産米とのブレンド米を全米販会員卸が製造し供給するよう求めている。

主食用に供給される外国産米は一〇万トンの枠が嵌《は》められているため、全米販側は急には対応できないと態度を保留したが、中食業界は一刻の猶予もできないとし、翌月上旬にも農水大臣に直接要請した。

加工用、エサ用に売却される輸入米は無関税だが、主食用枠だけにマークアップ（調整金）が課される。それで主食用輸入米の価格が下がらず、落札できなかったことから、制度自体の見直しを求める踏み込んだ要請を行った。国産米使用を謳っている団体が、外国産米の値下げまで要請しなければならないという事態が起きたのである。

より安いコメに向かう動き

米穀機構が二〇一八（平成三〇）年末に「米の消費動向調査における世帯収入別の動向」を公表した。前提として直近一〇年の可処分所得等の推移を述べると、実収入が一万三五二円減少し、非消費支出（税金、社会保険料など）が九三三〇円増加、可処分所得は一万九六八二円減少している。

この調査結果では、世帯当たりの収入を四〇〇万円未満、四〇〇万円以上、六〇〇万円〜八〇〇万円、八〇〇万円以上の四つに分け、それぞれのコメ消費動向を品種や入手先など複数の項目で調べている。全調査世帯の平均コメ消費量を一とした場合、四〇〇万円未満世帯が一・〇三七であるのに対して、八〇〇万円以上世帯は〇・九六六で、この結果を見る限り「所得の低い世帯は穀類の摂取量が多く野菜や肉類の摂取量が少ない」というこれまでの定説通りの結果になっているのだが、さらに別のデータを参照すればコメの消費にとって深刻な状況が浮かび上がってくる。

経産省の調査では、年間二〇〇万円以下の世帯（二人以上）から一五〇〇万円世帯まで一八区分し、それぞれの世帯の年間コメ消費金額を示している。基準世帯五五〇万円～六〇〇万円の世帯ではコメの支出金額は二万二二三九円で、年収に占める割合は〇・三九パーセントになっている。ところが二〇〇万円以下の世帯では二万〇一二三円で一・三四パーセントに跳ね上がる。年収が少ない分、比率が上がるのは当たり前だろうと思われるかもしれないが、実態としてこうした低所得世帯では割高のコメが買えなくなっており、より安い食品を購入するようになっているとしたらどうだろう。

厚労省の国民生活基礎調査によると一〇〇万円～二〇〇万円未満の世帯は一二・三パーセント、二〇〇万円～三〇〇万円未満が一三・三パーセント、三〇〇万円～四〇〇万円未満が一三・八パーセントで全世帯数の四割を占めている。昔「貧乏人は麦を食え」といった総理大臣がいたが、そうなって一番困るのはコメ業界である。

値の張るコメや機能性の高いコメを追いかけるのも一つのあり方だが、安くておいしいコメを開発する方が、消費減を止めるには直接的な効果があるだろう。

さらに、消費税増税でキャッシュレス決済のポイント還元などを導入したが、国としてコメ消費拡大を目指すのであれば、アメリカ並みに低所得者層がコメを食べられるよう、フードチケットを配給する政策を立案してはどうか。その方が飼料用米への転作奨励につぎ込む巨額の税金よりはるかに安上がりで、生産者にとっても消費者にとってもハッピーなはずである。

5　コメ輸出という悲願

手厚い輸出支援策

農水省のサイト内にある「コメの輸出」の項には、以下のように記載されている。「我が国のコメの消費量が毎年約一〇万トン減少していく中で、食料自給率・食料自給力の向上や米農家の所得向上を図っていくためには、海外市場に積極的に進出し、輸出を拡大していくことが喫緊の課題です」

このことについては、すでに世界各国のコメの多収化が進み、コスト面などから「輸出は難しい」と述べたが、別の面からコメの輸出について見ていこう。

国は、国内のコメ需要減少が止まらないことから海外に目を向け、農産物・食品の輸出目標金額を二〇二〇（令和二）年までに一兆円と設定し、輸出拡大プロジェクトを立ち上げた。このうちコメおよびコメ加工食品については、二〇一七（平成二九）年九月、輸出目標「六〇〇億円」の目標年次である二〇一九（平成三一）年に向け、コメの輸出量を飛躍的に拡大させるため、農林水産大臣のもと、「コメ海外市場拡大戦略プロジェクト」を立ち上げた。

では、その二〇一九年の輸出実績がどうなったかというと、伸びが鈍化、金額ベースでは九一二一億円で、目標に届かなかった。この内、コメ・コメ加工食品の輸出額は三二三億円で、目標の六〇〇億円には遠く及ばなかった。

このコメおよびコメ加工品の中には米菓と清酒も入っている。清酒の輸出量は二〇一九（平成三一）年一月～一二月までの累計輸出量が二万四九二八キロリットルで、それを原料米換算すると二万四〇四一トン。商業用のコメの輸出量が一万七三八一トンであり、清酒の輸出ウエイトが高いことがわかる。金額ベースでは、清酒が二三四億円であるのに対してコメは四六億円にすぎない。いい換えれば、コメおよびコメ加工品の輸出は清酒が牽引していることになる。

なかなか厳しい数字だが、現状での取り組みを紹介しよう。

コメの輸出関連に対する国の支援策は、輸出増加に向けた販売促進や需要創出の強化、コメ海外市場拡大戦略プロジェクト支援、訪日外国人の経験を活用した輸出促進、外食企業と連携した需要拡大策の支援など、これでもかというほど手厚い支援策が講じられている。

具体的には、米卸やコメ加工食品企業、清酒メーカーなどで組織される全日本コメ・コメ関連食品輸出促進協議会が、国の助成を得て、日本産米やコメ関連食品のPRイベントを開催した。これは二〇一八（平成三〇）年四月から二〇一九（令和元）年一一月までの間にアメリカ、中国、香港、シンガポールなどで一二回を数える。他にも、香港の高級中華料理店で日本産米を使用したメニューフェアを行ったり、クルーズ船で日本を訪れる外国人観光客にパックご飯を無料配布したりしている。

一連の輸出対策で、国はいくら予算を計上したか。平成元年度の補正予算だけで、海外需要創出等支援緊急対策として二四億円、訪日外国人の食体験を活用した輸出促進事業として二億一〇

表3－3　商業用のコメの輸出先別数量の推移（単位：トン）

	2015年	2016年	2017年	2018年	2019年
香港	2,519	3,342	4,128	4,690	5,436
シンガポール	1,850	2,350	2,861	3,161	3,879
アメリカ	322	812	986	1,282	1,980
台湾	753	910	943	1,173	1,262
中国	568	375	298	524	1,007
オーストラリア	273	357	476	635	770
タイ	208	395	192	320	578
イギリス	189	326	695	422	450
ベトナム	142	74	101	118	213
ロシア	30	74	78	120	174
マレーシア	124	167	259	221	234
モンゴル	134	198	203	336	315
ドイツ	91	90	62	92	140
カナダ	85	96	92	138	158
フランス	33	39	61	78	93
フィンランド	1	1	2	47	183
オランダ	53	96	105	112	102
マカオ	30	39	38	65	62
インドネシア	80	97	72	1	90
アラブ首長国連邦	18	22	18	37	55
その他	137	126	171	222	200
輸出合計	7,640	9,986	11,841	13,794	17,381

出典：財務省「貿易統計」（政府による食糧援助を除く）

注：数量1トン未満、金額20万円未満は計上されていない。

〇〇万円、コメ海外市場拡大戦略プロジェクト推進支援として五億円、外食産業等と連携した需要拡大対策事業として二億円など、まさに大盤振る舞いといえる。

それだけではない。輸出関連で生産者に対する支援策として、その年に作付するコメを輸出用として生産すると、一〇アール当たり二万円が支給される。この助成金支給の名目は「新規需要開拓」というものだが、これに加えて各産地が産地交付金を活用した輸出支援策を講じることができる他、自治体の中には独自に輸出用米に支援策を講じるところもあり、こうした助成金の合算が一〇アール当たり六万二〇〇〇円にもなる産地がある。

助成金を受け取るためには、まずその年に生産したコメを輸出用米として出荷するという計画の認可を国から得なければならない。そうした仕組みの一環として立ち上げられたコメ海外市場拡大戦略プロジェクトでは、戦略的輸出事業者と戦略的輸出産地という名称で、輸出したい事業者と産地をマッチングさせて輸出拡大を図ろうという方針が立てられ、二〇一八（平成三〇）年から全国各地で実施に移された。そのうち、戦略的輸出業者に絞ってその取り組みを紹介する。

海外で求められるコメとは

二〇二〇（令和二）年二月末現在、戦略的輸出事業者は七一社で、それぞれ輸出目標数量を示している。多いところは、㈱神明が三万トン、木徳神糧㈱が三万トン、全農が二万トン、㈱Ｗａｋｋａ Ｊａｐａｎが一万五〇〇〇トンなど。神明、木徳神糧、全農はコメの扱いが多いので、輸出においても扱い目標数量が多いのは当然だろう。そうした中にあって㈱Ｗａｋｋａ Ｊａｐａｎという会社はコメ業界ではあまり知られていない会社だが、ことコメの輸出についてはユニークな取り組みを行っている。

㈱Ｗａｋｋａ Ｊａｐａｎ（札幌市）のコメ輸出の責任者である佐藤陽介取締役に話を聞いた。現在、香港、シンガポール、ハワイで日本米を販売、ニューヨークにも出店した。その店舗は、店内に精米機を置き、注文があるとその場で搗精《とうせい》して精米を渡す。日本でよく見られる店頭精米の店だが、海外にはこうした方法でコメを販売するところはなく、ガラス越しに精米の様子が見られるようになっているため、珍しさも手伝って盛況だという。

同社が掲げる日本産米のブランド理念は次の通りである。

①日本が誇る世界一のおコメである日本産米を広め、正しい日本食文化普及に貢献すること。

②日本から遠く離れ、海外で頑張る日本人を応援すべく、故郷の味である日本米を適正な価格で腹いっぱい食べてもらうこと。

契約している日本米産地は北海道から九州まで各地にあるが、ウエイトが高いのが北海道産米で約六割。現地には自社で教育した米食味鑑定士と精米士がおり、外国人から日本産米について問われた際いつでも答えられる態勢をとり、ミシュランガイドにプロが使うコメとして紹介されたこともある。

日本米を使用してくれる海外店には、「日本米使用店」の立て看板を設置している。新鮮な日本米を使ってもらうため冷蔵コンテナで玄米を輸出して現地で精米するが、現地の顧客からは「精米仕立てのコメがこんなにおいしいとは知らなかった」との声もあった。

ユニークなのは、自ら自然栽培で輸出用米の生産にまで乗り出していることだ。それを含めて、同社は二〇一七（平成二九）年度の「輸出に取り組む優良事業者表彰」で、農林水産大臣賞を受賞した。同賞は「輸出可能品目の拡大」「新市場の開拓」「輸出ロットの拡大等による価格競争力の強化」などいくつかの観点から審査されるものである。

しかし、輸出のために低コストのコメ作りに取り組むのならわかるが、多収量が見込めない自然栽培になぜ取り組んでいるのか。

その事業を立ち上げた出口友洋社長は二〇一七（平成二九）年から長野県伊那市の中山間地の耕作放棄地を借り受けて四ヘクタールでコメ作りを始めた。栽培方法は農薬も肥料も一切使わない自然栽培である。しかもできたコメはすべて輸出するという。自然栽培にした理由について、次のようにいっている。

「香港を皮切りに海外で日本米の販売を始めて一〇年になります。われわれは間違いなく日本のコメが世界一美味しいと思いますが、しかし、それが海外の人にとってど真ん中のコメかというと必ずしもそうではない」。

日本のコメ作りはもともと日本人の胃袋を満足させるために行われてきた。今の政策はたまたまそのコメが余ったので海外に回せということにすぎず、「そもそも外国人のためのコメ作りではなかった」という認識である。各国でコメを販売するうちに「海外の人にとってど真ん中のコメを作りたい」と思うようになった。

たまたま縁あって長野県伊那市の中山間地の耕作放棄地を借り受けることができ、自然栽培でコメ作りをすることになった。自身は六年前に親戚の農家に弟子入りしてコメ作りを学んだ。就農してみてわかったのは、農薬散布や施肥の量や時期を判断できるようになるにはかなりの年数が必要だということ。その点で自然栽培は、「農薬散布や施肥の判断が必要なく、草取りや土作りだけすればいいので、自分でもできると思った」。初年度の二〇一七（平成二九）年産は、反収当たり七俵弱。自然栽培でこの収量は多く、自身も驚いたが、これはビギナーズラックと、土地がもともと肥えていたことにあると見ている。

ただし、出口社長が自然栽培のコメ作りを始めたのは、単なる思い付きではない。海外で日本米を販売してきて得た各国でのニーズが基礎にある。自然栽培のコメが海外で売れると感じたのは、安全・安心や残留農薬への関心が、ここ一〇年でアッパークラスからミドルクラスにまで広がったことが大きい。

欧米ではオーガニック（有機）農産物・食品の需要が急速に拡大しており、ハワイの店舗でもオーガニック米や無農薬米の引き合いが強まっている。店舗ではＪＡＳ有機のコメが最も評価が高いが、出口社長は自然農法米がそれを凌駕するコメになると見ている。有機米と自然農法米の違いは何かというと、有機米はＪＡＳ表示で、国が認めた有機肥料を使用すれば有機米と名乗れるのに対し、自然農法米は有機肥料をまったく使わず、文字通り自然に栽培したコメだということだ。

出口社長はハワイの店舗でアメリカ人から「ジャポニック」という言葉を聞かされた。ジャポニックとは「自然農法」のことである。意識の高いアメリカ人は日本が自然農法の先進地であることをよく知っており、自然農法の提唱者福岡正信氏の『自然農法　わら一本の革命（The One-Straw Revolution: An Introduction to Natural Farming）』といった本を読んでいる人もいる。

自然農法米がオーガニック米より上に評価されるのは、オーガニックは何がしかの有機資材を使用しており、海外で販売する場合、アメリカではその有機資材が認められても、台湾では認められないケースがあるからだという。こうしたカントリーリスクを避けるためにも、初めから何も使用しない自然栽培米を作り始めたわけである。

出身国によってブレンドを変える

こだわった日本米を輸出しているのはＷａｋｋａ Ｊａｐａｎだけではない。米穀小売店の中にも輸出に取り組んでいるところがある。

コメの輸出のために世界各国に出向いている米卸の社長から、二〇一九（令和元）年一一月、モスクワで開催された食品展示会のジェトロのブースで、日本米紹介のためにご飯を炊いて来場者に振る舞った人がいたという話を聞いた。㈱隅田屋商店（東京都墨田区）の片山真一社長である。

片山社長は五年前から日本米輸出に取り組み、各国で開催される食品展示会のみならず、自社のコメを販売している海外の食品スーパーで炊飯して提供するというパフォーマンスを行っている。なんと出身国によって好みが違うので、ブレンドするコメも使用する水も替えているという。そうした手法で、現地のコメ価格に比べて六倍もする日本米を売っている。

片山社長は先に触れたワールドフードモスクワ2019のジェトロのブースで、日本米を炊飯したご飯に塩とふりかけをかけただけのものを来場者に振る舞った。その際、炊飯器からご飯をお櫃《ひつ》に移し替えた。これは「まずご飯の香りを嗅いでもらうためのパフォーマンス」で、客寄せも兼ねていたが、炊飯という〝料理法〟をロシアの人に知ってもらうことも狙いだった。日本人にとって炊飯は当たり前のことだが、外国人には炊飯を調理法の一つとして知ってもらうことが大事だという。展示会では一回に三合を炊いて提供したが、あっという間になくなるほどの盛況で、食べた人からは「ビックリするぐらい美味しい」と高評価だったという。

片山社長はアメリカの日系高級スーパー「NIJIYA」の店頭で、自社でブレンドした「吟撰隅田屋米」を炊飯したご飯を来店者に提供するということを繰り返してきた。わかったのは、店舗によって周辺の住民構成が違っているということで、ロサンゼルス店ではタイやベトナム出身者が多く、サンフランシスコ店では中国、台湾、インド出身者が多い。炊飯米の提供は一日二回行うが、食文化によって硬さの好みが違うため、それに合わせた炊飯方法を実践している（最も好みが分かれるのは、粘りのあるなしだという）。炊飯する水も日本とは違うので、現地の水に合う炊飯方法を研究した。

使用するコメは自社で精米・ブレンドした吟撰隅田屋米だ。海外に輸出する際は、アメリカだと最短でも一カ月半もの輸送期間がかかるので、軽めに精米して冷蔵コンテナで運び、現地でしっかり研ぎ、二時間水に浸している。使用するコメは販売する場所によって違うため、梱包する袋に産地品種名をスタンプで押して表示している。

なぜ単品銘柄米でなくてブレンド米を使うのか。片山社長は「その年によってコメのできは違う。産地銘柄で選ぶのではなく、自分の目と舌で選ぶ」という。しかもコメの質が安定するまで新米には切り替えない。時期は一二月頃になる。

片山社長は五ツ星マイスターの資格を有しており、自ら日本全国から厳選した原料米を、香り、味、粘り、食感、外観の五つの項目で、その時点での最高のブレンドをしている。さらにこだわっているのは精米方法だ。同社の精米機は一九五一（昭和二六）年に導入した青木社製の精米機。この精米機は循環式でコメ同士を摩擦によって研削《けんさく》する方式で、「コメと対話しながらコメ本来の香りと旨味を残す」とし、「古式精米製法」と名付けている。ゆっくり時間をかけて玄米の皮を剝いていくが、最後に薄皮を残し、飴色に見える仕上がりにする。ちなみに、そうしてでき上がった精米は「東京都産隅田屋米」というブランド米に変身し、代官山の蔦屋書店、産業観光プラザすみだまち処、両国の江戸博物館などでも販売されている。

現地での販売価格は日本円換算で一キロ一二〇〇円程度になる。価格を下げることはしない。なぜなら食材としての日本のコメはそれだけの価値があると思っているからだ。和食がユネスコ無形遺産に登録されたことや、かつてない日本食ブームにより、ここ五年で日本米の評価は様変わりしたと片山社長は見ており、「本当に美味しい日本米は外国人が買い、日本では食べられなくなってしまうのではないか」と真顔でいったのには驚いた。

こうした独自の選米とブレンド、精米法、それに出身国に合わせた炊飯法などで日本産米の良さを外国人にわかってもらい、現地で販売成果を出しているところもあるが、残念ながらその量は少ない。国が目標とする日本産米の輸出額を押し上げるといえるほどの金額ではない。

そうした中にあって輸出用として有望なコメ加工食品と見られているのが「パックご飯」である。パックご飯が輸出用商品として良い点は、第一に日もちがする点である。無菌包装米飯は大体一年の賞味期限がある。精米は日にちがたつと炊飯した際、食味劣化が見られるが、パックご飯はその心配がない。農水省もパックご飯を有望なコメ・コメ加工食品の一つとみて実態調査を始め、二〇二〇（令和二）年産から支援策を講じた。農水省の調査によると二〇一九（令和元）年に輸出されたパックご飯は一〇一八トン、金額ベースで五億五〇〇〇万円になっている。

パックご飯メーカーの最大手テーブルマーク㈱が、海外の市場開拓を目的に新しく海外戦略部を立ち上げた他、㈱ウーケも一昨年、海外需要を見据えて年間四億二〇〇〇万食を製造できる新たなラインを増設した。ところが両社とも新型コロナウイルスの影響で国内需要が急増し、海外に目を向ける余裕はなくなってしまった。

6　耕作放棄地は増え、担い手は減る

急拡大する一戸当たりの水田面積

表3－4は農研機構（国立研究開発法人農業・食品産業技術総合研究所）の中央総合研究所が作成したもので、各地ブロック別に二〇二五（令和七）年には一戸平均どのくらいの面積になるか予測している。東北は四三ヘクタール、関東は三九ヘクタール、北陸は三七ヘクタール、四国、九州に至っては六九ヘクタールから七二ヘクタールにもなる。日本の水田作一戸当たりの面積は一・八ヘクタール程度で、アメリカの平均面積の一〇〇分の一程度にすぎない。それがあと五年後には現在の二〇～四〇倍の面積を耕作しないとコメ

	予測値	予測値	計算値	計算値
	稲１位以外の販売農家の田の面積（2025年）⑥	稲１位・10 ha 未満の販売農家の田の面積（2025年）⑦	水田作担い手経営の管理が期待される田の面積 ⑧＝④＋⑤－⑥－⑦	水田作担い手経営の平均規模 ⑨＝⑧／③
	(ha)	(ha)	(ha)	(ha)
	64,656	185,884	282,064	43
	49,206	119,188	111,062	38
	10,751	100,792	139,483	37
	8,765	16,899	18,208	35
	17,011	33,846	64,134	47
	20,722	51,546	56,432	46
	16,518	55,728	62,613	43
	16,107	22,135	22,275	72
	74,534	68,829	105,536	69

出典：農研機構中央総合研究所

表3－4　2025年の地区別経営体の規模予測

地域	予測値	公表値	公表値	計算値	公表値	公表値
	稲1位の農業経営体・10ha以上（2025年）①	稲1位・法人・組織経営体（2015年）②	稲1位の法人・組織経営体（2010年）	水田作担い手経営 ③＝①＋②	田の面積（2015年）④	耕作放棄田面積（2015年）⑤
	（経営体）	（経営体）	（経営体）	（経営体）	（ha）	（ha）
東北	5,535	960	502	6,495	515,156	17,448
関東	2,511	422	198	2,933	270,009	9,446
北陸	2,275	1,541	1,100	3,816	246,337	4,688
東山	301	219	104	520	42,424	1,448
東海	909	442	230	1,351	111,310	3,682
近畿	707	533	250	1,240	125,055	3,645
中国	525	919	517	1,444	127,995	6,864
四国	187	123	70	310	57,912	2,604
九州	1,006	534	287	1,540	241,110	7,789

の生産量を維持できないというのだから大変なことである。

まさに劇的な生産構造の変化が起きつつあるというのが、現在の日本の稲作現場であるということができる。

すでに西部開発農産（岩手県北上市）や福江営農（岐阜県海津市）といった一社で三〇〇ヘクタールを超す水田を耕作しているところもあるなど急速に規模の拡大が進んでいるが、そうした農業生産法人はまだ少なく、現状では全体として規模拡大が進んでいるわけではない。

農水省が五年に一回調査を行う農林業センサスによると、平成二七年版では、販売目的でコメを作っている農家戸数は九五万二二九七戸であったので、五年間で二一万七〇〇五戸、率にして一八・五パーセント減少している。面積別の割合がどうなっているのかというと、最も戸数が多いのが〇・五ヘクタールから一ヘクタールで二七万九六九三戸であり、大半が一五ヘクタール未満である。農業センサスでは一五ヘクタール以上は八八一一戸になっており、それ以上の面積がどうなっているのか公表されていないが、研究機関に依頼して一〇〇ヘクタール以上のコメ生産農家を調べてもらったところ三三四戸あることがわかった。

都道府県別で一〇〇ヘクタール以上の農家が最も多いのが北海道で四三戸である。北海道は元々経営規模の大きな農家が多いので、この戸数は納得できるが、それ以下の順位が意外である。順に記すと、宮城二九戸、岩手二三戸、福岡二二戸、佐賀二二戸、山形二〇戸となっており、コメどころの新潟と秋田はいずれも一一戸しかない。これは米価が高かったことから農地の集約が進まなかったためと見られるが、おそらく令和二年の農業センサスでは状況が一変、新潟、秋田の一〇〇ヘクタール以上の農家戸数が急増しているものと予想される。

茨城県猿島郡五霞《ごか》町で八〇ヘクタールを耕作する㈲シャリーの鈴木哲行専務と二〇一九（令和元）年の五月、近場の圃場を視察したことがあった。その時、あちこちに耕作されず雑草が生えている圃場が目に付いた。鈴木専務によると、そのうちの一カ所の所有者を知っており、その人は今年稲作を継続する予定であったが、高齢で身体がいうことを聞かなくなり、断念したという。こうしたケースは何もこの地区だけに限ったことではなく、全国各地で起きている。まさに生産基盤の弱体化が急速に進んでいるといえる。

鈴木専務のところには、他の農家から耕作依頼が来ているが、同社ではコメ作以外にもサツマイモを生産、それを干し芋にして販売する加工事業も行っており、現在の稲作栽培体系では面積を増やすことができない。そのため、稲作の作業体系を根本から見直すことにして、実証試験を始めている。その一つが、移植（田植え）作業を、ラジコンヘリやドローンを使った種子の空中播種に切り替えることで、二〇一九年、第一回目としてヤンマーアグリ㈱の協力を得て、鉄コーティングした種子を散播種した。播種量が一〇アール換算六キロであったが、収穫量は移植と変わらない水準に達したこともあって手ごたえを感じ、二〇二〇年から一気に二〇ヘクタールで直播を実施した。こうした取り組みがなされれば大規模化が進むだろう。

加速する水田農家の離農

表3－5は国の研究機関が、将来一〇〇ヘクタール以上の水田面積を耕作する経営体が何戸になるか、都道府県別に予測した数値である。

二〇一〇（平成二二）年、二〇一五（平成二七）年は農業センサスの統計値で、この統計を基にマルコフモデルという数式を用いて、二〇二〇（令和二）年、二〇二五（令和七）年、二〇三〇（令和一二）年までの戸数を弾き出した。それによると、二〇一五（平成二七）年に全国で一〇〇ヘクタール以上の経営体は三三四戸だが、二〇二〇（令和二）年には四二五戸、二〇二五（令和七）年には五二六戸、二〇三〇（令和一二）年には六二四戸に増加する。

表3－5　100ヘクタール以上の水田経営体予測

	調査値（年）		予測値（年）		
	2010	2015	2020	2025	2030
北海道	37	43	52	60	66
青森県	8	11	12	13	14
岩手県	14	23	30	37	42
宮城県	22	29	36	43	49
秋田県	5	11	18	27	36
山形県	20	20	16	15	13
福島県	0	1	2	3	3
茨城県	3	8	10	11	13
栃木県	2	4	5	4	4
群馬県	0	1	1	1	1
埼玉県	1	5	11	15	19
千葉県	2	1	2	2	2
東京都	0	0	0	0	0
神奈川県	0	0	0	0	0
新潟県	7	11	15	19	23
富山県	8	16	23	31	37
石川県	1	1	1	1	1
福井県	7	8	10	14	18
山梨県	0	0	0	0	0
長野県	8	12	13	14	14
岐阜県	11	11	11	12	13
静岡県	2	3	4	5	6
愛知県	10	16	19	21	23
三重県	4	12	20	28	36
滋賀県	5	9	15	23	33
京都府	0	0	0	0	0
大阪府	0	0	0	0	0
兵庫県	1	2	3	4	5
奈良県	0	0	0	0	0
和歌山県	0	0	0	0	0
鳥取県	0	3	3	4	4
島根県	1	3	5	7	9
岡山県	1	3	5	8	12
広島県	0	1	3	5	8
山口県	1	4	8	13	19
徳島県	0	0	0	0	0
香川県	0	7	6	6	7
愛媛県	0	1	1	1	1
高知県	0	0	0	0	0
福岡県	11	22	33	45	57
佐賀県	24	22	20	18	17
長崎県	1	0	0	0	0
熊本県	6	8	9	10	11
大分県	1	1	1	1	1
宮崎県	0	1	2	5	7
鹿児島県	0	0	0	0	0
沖縄県	0	0	0	0	0
全国計	232	334	425	526	624

出典：農業・食品産業技術総合研究機構

二〇三〇（令和一二）年の一〇〇ヘクタール以上の戸数を都道府県別に見ると、最も多いのが北海道で六六戸になっている。北海道は現在でも大規模稲作農家が多く、それらが母体になってさらに規模拡大が進むという予測値だが、意外なのは二番目に多い福岡県で、五七戸になっている。これは福岡県や佐賀県で集落営農が多いためで、こうした集落営農体が組織体を変更して一法人と見做されるようになれば、これだけの数になる。

予測値では面積別に六階層に分けた数値もあり、ほとんどの県で小規模農家戸数が急減、その分二〇ヘクタール以上の耕作面積を有する農家戸数が増加するという予測値が出ている。

稲作農家の担い手不足が将来どう影響するか、さらに具体的な数値を見てみよう。一〇〇ヘクタール以上の経営体が増えていく一方で、耕作放棄地も増えていく傾向にある。集約化で補えないスピードで耕作放棄が進んでいるのである。

秋田県の農協系統が作成した「米価急落によるリタイア農家急増の懸念」と題する資料には、二〇二五（令和七）年の予測値が出ているが、深刻な数字といわざるをえない。現在秋田県の農協には正組合員稲作農家が三万七八一〇人おり、七万八二〇ヘクタールの水田を耕作している。このうち七五歳以上の農家は六九四九人で、一七・六パーセントを占める。二〇二五（令和七）年にこれらの農家がリタイアすると、その時点での組合員数は一万二〇九人減って二万七六〇一人、耕作面積は一万八二八二ヘクタール減って五万二五四一ヘクタールになる。大潟村の水田面積は約九〇〇〇ヘクタール（東京の山手線内ぐらいの面積に等しい）なので、その二倍の面積が耕作者不在で維持できなくなると予測される。秋田県では現在の一三農協を県一農協にするという協議が進められている。その最大の原因は、この、高齢化等でリタイアする組合員の急増が予測されるためである。

資料には「リタイア世代の受け皿づくりが追い付くのか？」と記されている。このままでは耕作できない水田面積は拡大する一方であり、このことは秋田県特有の現象ではなく全国的に同じことが起きるものと予測される。

人材育成に取り組む経営者

稲作生産構造の変化を牽引する経営者の中には、これまでにない発想で規模拡大を試みているところもある。その代表が仙台市に本拠を置く㈱舞台ファームの針生信夫社長である。

針生社長は、二〇一一（平成二三）年の東日本大震災の津波で保管してあったコメがすべて流され、農機具も失いながら、どん底から立ち上がった不屈の男である。背丈一九〇センチ、体重一二〇キロという体軀にふさわしいバイタリティーをもつ。震災後まず行ったのは、稲作や畑作の復興のために力を貸してくれる大手企業を探すことだった。候補を絞り、文字通り社長室に飛び込んで直談判したアイリスオーヤマで、大山健太郎社長（現在は会長）の心を摑み、舞台アグリイノベーション㈱という会社を共同で設立。亘理町《わたりちょう》に七〇億円を投資して、最新鋭の精米工場まで建てた。

舞台ファームの特徴は、コメだけでなく野菜類も生産していることである。ハウス栽培でトマトや薬物野菜なども栽培しており、自社で生産コストを削減する栽培方法を確立する一方、自治体と連携協定を結び、その産地の生産者育成のためのカリキュラムを組んでいる。連携協定を結んでいる自治体は茨城県境町や福島県浪江町、福島県双葉町、石川県珠洲市などで、東京農業大学とも連携協定を結んでいる。

自治体との連携協定では、三年間にわたって農業経営のノウハウやドローン教室など幅広い分野の授業を行う。そうして農業の知識とスキルをもち、かつマーケティング営業もできる人材（同社では「グリーンカラー」と呼んでいる）を育成し、なおかつ育った農業者の生産物を買い取ることまで行っている。こうした取り組みを行う農業生産法人は他にはない。筆者も境町での授業に呼ばれてコメの流通を主題に講演したが、一番印象に残ったのは、参加した農業者が三〇歳代から四〇歳代と若いこと、そして質疑応答では遺伝子組み換え稲のことまで聞かれるなど、予定時間内で終わらないほど熱心な質問を受けたことである。

コメの生産では、地元宮城県で自社生産する以外に、福島県相馬市と連携協定を結び、二〇二〇（令和二）年から三七ヘクタールで取り組んだ他、石川県珠洲市でも同様の取り組みを始めた。

外国人労働者を交えたユニット組織の養成

針生社長は外国人労働者を積極的に受け入れようとしている。もちろん国内の農業従事者が急速に減少しているためである。一経営体当たりの経営面積が拡大し、家族経営から法人経営に移行しているが、従業員を雇おうとしても日本人はなかなか雇えない。

針生社長は外国人労働者も受け入れながら、革新的ともいうべき手法で急速に規模拡大を進めようとしている。稲作を効率的に行うためにはまとまった大きな面積が必要で、一〇〇ヘクタール規模を耕作できるユニット組織を複数作り、外国人実習生も雇いながら各地で耕作する。その場合、シェアサービスを導入し、農機具（トラクター、コンバイン、田植え機等）、倉庫、ロジスティックス（物流）等をすべて一カ所で確認できるようにして、それぞれの作業者が情報をスマホでシェアリングし、効率的に作業が必要な場所に行けるような体制を整えることで大幅なコストダウンを考えている。

稲作耕作会社としてベトナム人雇用を始めた企業は千葉県にもある。この会社は大規模稲作生産法人三社に出資して、共同でコメ作りを行っているが、規模を拡大するには人手が足らず、ベトナム人を雇うことにした。ユニークなのは、ベトナム人を通年雇用できるよう、家電などの製造業等と受け入れのための協同組合を作ったことである。二〇一八（平成三〇）年一〇月末時点で、全国で二万七八七一人の外国人が技能実習生として農業に従事していたが、国が国家戦略特区における就労を解禁、長期間にわたる外国人の就労が可能になったことで、今後益々農業に従事する外国人が増加するものと予想されている。

舞台ファームは福島県美里町、浪江町、茨城県境町、石川県珠洲市と連携して農業支援事業も行っている。浪江町では福島県沿岸部農業支援事業として五月一日に浪江支店を開設、二〇二〇(令和二)年四・八ヘクタールで稲作を行い、五年後には三〇〇ヘクタールを目指す計画である。巨大貯蔵施設であるカントリーエレベーターを建設する計画もある。

また、大きな問題になっている物流についても、運行管理資格者を増やし、二〇二一(令和三)年には千葉県に配送センターを建設する予定である。

同社は自らを第五ステージにある農業法人と捉えている。農業者は第一ステージの個人経営から始まり、法人形式の家族経営→株式会社形式の農業法人→農業経営法人の共同体と進むが、針生社長は、そうした共同経営の法人組織を束ねる農業商社という役割を自社に置いており、同時に事業を創造するソリューション企業でもあると考えている。おそらく、農地の規模拡大に合わせて人材の育成・確保、加えて経営の総合化といったことが今後ますます追求されていくだろう。舞台ファームはその試金石ともなる企業だと思われる。

第4章　コメの未来

1　広い面積にはドローンが有効

水稲種子を打ち込むドローン

この章では、コメをめぐる現状の停滞を破る事例を、ブランド米とは違う角度から追ってみようと思う。それはいわゆるスマート農業であったり、ドローンで直接水田に種子を播く湛水直播《たんすいじかまき》という新しい作付法だったり、公共機関が優先的に行っていた品種開発を民間会社が行うことである。決して農業界が座してコメの凋落を見ているわけではないことがわかっていただけると思う。

二〇一九（令和元）年一一月二四日、東京の雅叙園でＩＴ企業㈱オプティム（本社東京都港区、菅谷俊二社長）の展示商談会が行われた。会場には、家電や製造工場、農業、医療、オフィス、小売、金融など分野ごとにエリア分けしたブースが設けられ、ＡＩ（人工知能 Artificial Intelligence）やＩｏＴ（モノのインターネット Internet of Things）を駆使したさまざまなサービスが紹介されていた。

農業ブースには、ピンポイントで農薬を散布できるドローンや、広域農地を撮影して情報を伝える固定翼のドローンが置かれていた。その活躍が見られる動画も会場内で見ることができ、ドローンを使って農薬を最小限に抑えたコメ（スマート米と命名）の展示と試食も行われた。

ドローンの操縦は同社が請け負い、その費用も同社負担である。ピンポイントで水田に農薬を撒くことで、人手で撒くよりも散布量を減らすことができる。同社ではスマート米を市場の実勢価格で生産者から買い取り、百貨店や通販で二倍から三倍の価格で販売、その利益で散布費用を回収するという。このビジネスモデルでいけば、コメの生産者には散布費用がかからないという大きなメリットがある。

オプティム社の菅谷社長は、二〇一九年に開催された国際ロボット展のシンポジウムで、第四次産業革命で産業が一変するとし、中でも農業が最も大きく変化すると述べた。自社の取り組みとして、農産物の生産だけではなく販売も同時に行い、生産者の所得向上を図ることができると説明した。

同社のドローンには、画期的なものがある。それは空中から水田に直接「種子を打ち込む」ことができるということである。ドローンで種子を「播く」という方法は他でも行われているが、種子を「打ち込む」というのは同社だけの技術である。

青森県で反収五四〇キロの収穫量——実証実験の成果

打ち込み式のドローンをオプティム社と共同開発した石川県農林総合研究センターの島田義明所長によると、青森県での実証実験では一〇アール当たり五四〇キロの収穫量があったという。

この実験は、国が推進する農業分野の革新的技術開発・緊急展開事業の採択を受けて行われたものである。国が示した条件は、「苗立ちに優れ、倒れにくく、多収な高度直播水稲品種を用いて、自動飛行ドローンによる播種《はしゅ》と効果的な雑草防除を組み合わせる等、画期的な新技術を導入することで、超省力性と安定多収を両立させた直播栽培体系を確立する」というものであった。

平たくいえば、省力化はもちろん、直播でよく育ち、倒れにくく、たくさん収穫があって、雑草も駆除される技術をドローンを使って開発せよ、ということである。当然、これに対して事業採択を検討する審査員や評議員の間では、「とても打ち込み式で播種ができるとは思えない」「ドローンには積載量の制限があるが大丈夫なのか」「実現すれば素晴らしいが、ハードルが高い。着地点を再考してはどうか」などといった否定的なコメントが多かったという。

開発したドローンの種子タンクは五キロまで搭載が可能で、その下部に回転しながら種子を打ち込む射出機が一センチ間隔で四基付いている。水田の上空五〇センチほどの低空から、時速一〇キロで飛行しながら種子を打ち込んでいく。

画像をもとに農薬散布が必要な場所を特定できるＡＩアルゴリズムを開発したことで、ドローンは播種ばかりか病害虫駆除や除草をピンポイントでできるようになった。島田所長は、日本だけではなくアジアの稲作も変えることができると述べた。

打ち込み式ドローン開発の経緯

近い将来、日本の稲作栽培を革命的に変える可能性がある打ち込み式ドローンは、どのような経緯で開発されたのか。また、今後どのようなことができるようになるのか、実際に開発したオプティム社のインダストリー事業本部休坂健志執行役員とビジネス統轄本部農業事業部須藤悟マネージャーに取材した。

ドローンで直播をやろうと決めたのには、ちょっとした事情があったという。

実は、農水省がドローンによる直播の公募をした時に、同社にも可能かどうか問い合わせがあった。「まだそういうことはやっていない」と答えたところ、どこかやれるところがないかと尋ねられたので、石川県でコマツとブルドーザーを使った直播をやっていますと返事をした。

その後、農水省から石川県に話が行って、同社とドローンによる直播をやってみないかとの打診があり、結局、県農業センターの島田所長から話が戻ってきたというわけである。

折しもその頃、大阪で関西農業EXPOがあり、オプティムの菅谷社長と休坂氏、それに島田所長が一堂に会することがあった。まだその時は、直播という技術があることは知っていても、乾田《かんでん》直播と湛水直播の二種があることも、それがどういう技術なのかもまったく知らなかった。稲は、苗に育ててから水田に植え替えるのが主流だが、乾田直播というのは、田に水張りしていない状態で播種することで、この手法では代掻き（水を張った土をかき混ぜ、均すこと）等の作業も必要がなく、労働力が大幅に軽減されるだけではなく、生産コストが大幅に引き下げられるというメリットがある。水を張った田に直接種を播く湛水直播というやり方もある。この方法でも従来の田植えより省力化できる。乾田、湛水とも、種が鳥に食べられるリスクや、育苗ハウスで種から苗を育てるのとは違い、直接水田に種を播くため成長にムラが出るという欠点がある。島田所長とのディスカッションで、湛水直播で射出機で打ち込めばできるのではないか、という線でまとまった。乾田直播というアイデアもあったが、乾田だと土が硬すぎてドローンで打ち込んでも種が跳ね返ってしまうため、採用されなかった。

その時点で、同社にはドローンを使って農地を上空から撮影、農薬を撒く場所をピンポイントで判断する画像解析技術はあったが、実際に病害虫防除に関する技術は研究途中だったので、それも直播技術の開発に合わせてやることになった。休坂氏は、「われわれが素人だから、そうした発想が出てきたのかもしれません」と笑う。

石川県には種子を播く発想はなかった。種子を打ち込むのではなく播く（散播《さんぱん》という）ということは、種子がバラバラに播かれ、鳥が種子を食べるので選択肢にはなかった。すでにラジコンヘリによる播種でその弊害が指摘されていた。ある程度点播《てんぱ》（種子を一定間隔で一粒または数粒ずつ播く方法）や条播《じょうは》（畑に平行に畝を作り、そこに一定の間隔で種を播く）のように苗立ちをよくする方法にしないとだめだと考えられていた。

いろいろなアイデアが出たという。土の浅いところに種子を播くというアイデアの一つが打ち込み式だった。

開発チームには、石川県と同社の他に、カドミウムの吸収を研究している生物系特定産業技術研究支援センターも加わった。生産者に普及できる技術でなければならないという農水省からの要請があったので、青森と佐賀の生産者にも参加してもらった。

農薬散布ドローンとは違う

休坂氏によれば、農薬を散布するノズルと播種するノズルは別物で、まったく新しく作るという発想だった。とにかく土中に打ち込む必要がある。筆者も福島でドローンによる散播の実証試験を見たことがあるが、風の強い日だと播いた種子が一方向に寄ってしまう。そういうことも考慮して打ち込み型が選ばれたということである。

技術的な説明は須藤氏がしてくれた。オプティム社の直播ドローンは、種子箱から落ちて来る種子を回転式の射出機に送って、加速させて打ち込んで行く方式である。石川県の要望は、一〇センチ四方に八粒から一〇粒の種を播きたいということだった。そのため、適量の種子を回転式の射出機に入れて加速させて打ち込むようにした。射出機にブロワーが付いており、そこから風を送って下に強く打ち込んで行く。エアガンのような方式ではなく、ピッチングマシーンで球を打ち出すような仕組みで、籾殻を回転させながらスピードを付けて射出する。

回転式にしたのは、重さの問題もあった。ドローンと下に積んだものの総重量が二五キロという制限があったのである。それ以上の重量になると、安全性規格がまったく違ってくる。

種子は一回五キロを積む。目標にしているのが一〇アール五キロだという。土に埋め込むのは五ミリ、そのために高度と弱・中・強で打ち込む速さを決めたという。

さらに射出機に禾《のぎ》(稲・麦などイネ科植物の実の外殻にある針状の突起)がからまらないようにするなど、課題を一つ一つクリアしていった。

現時点までの開発には二年、意外な早さである。その秘密は、3Dプリンターだという。試作品を簡単に作って試すことができたからだ。以前は設計図を引いて、製作を依頼して、でき上がったものをめぐってまたやり取りして、素材も含めて作り込んで動かすのに、ワンサイクルで最低でも三カ月から四カ月かかった。それが3Dプリンターだと三分の一くらいの期間でできる。3Dプリンターで作ったものは強度はないが、構造はできているので、あとは実際のものにどう耐久性をもたせるか、だという。

田んぼの水深、土の固さは一様ではない

田んぼには水が張られている。その深さは一様ではない。均一なら実験もやりやすいが、現状はそうなってはいない。それをどう測ったかは、特許申請中で明かせないということだった。

水のあるところ、土の固いところに強く打ち込めば発芽率が良くなるのではないかという検証を行った。ところが、うまくいかない。どうやら強く打ち込み過ぎても駄目だということがテストでわかってきて、それをカバーするために播種量を増やす方向でトライしているという。

実験は、条点播（水田に条《すじ》状の溝を作り、そこに一定間隔で種子を播く方法）の状態でちゃんと埋まるところまでは来ている。どのくらいの高さであれば、種子が条状に並ぶか。あまり高いところからやると風の影響でばらけてしまう。種子の特性を見て、ちゃんとした間隔になるように調整する必要がある。

播種と水田の硬さを計測・判定するというのは別テーマで、後者はＡＩに学習させている。ドローンの画像分析で水の深さや土の硬さを見て、どのくらいの速度で種子を打ち込めば想定した深さに達するかは、まだ実証実験中。ただ田圃のどこに水があるのかということは判定できるようになっている。

今回、五四〇キロの収量があった青森県は、もともと乾田直播を行っている生産者が多く、その手法で収量も上げている。実証実験をした生産者も乾田直播をやっていた生産者で、湛水直播は初めてとのこと。

これからの課題として、播種機の軽量化とコンパクト化を挙げていた。さらに、飛行のプログラムに沿って自動でドローンが飛ぶことも試そうとしている。

2　今までの限界を超えるコメ作り

生産コストは五割下げられる

元号が令和と改まった二〇一九年五月一五日、福島県双葉郡楢葉町で少し変わった水稲の種播きが行われた。

用意されたのは、直径が二メートルほどもある大型のドローンと福島県のオリジナル品種「天のつぶ」。ドローンの下に種子が四キロ入ったタンクを装着して、水を張った三〇アールの田んぼに空中から種子を播こうという試みだ。当日は一〇メートルほどの強い風が吹いていたが、大型のドローンは安定した姿勢を保ちながら、田んぼをジグザグに飛行して一〇分ほどで種播きを終えた。

このドローンによる「湛水直播」を実施したのは、㈱田牧ファームス・ジャパン（茨城県つくば市、田牧一郎社長）。

田牧社長は、カリフォルニアやウルグアイでコメ作りの経験がある。日本で低コスト稲作を実現するための会社を二〇一八（平成三〇）年に立ち上げ、二〇一九年から本格的に実証実験に取り組み始めた。

カリフォルニアの農家は、飛行機で播種しているにもかかわらず、玄米ベースで一〇アール当たり平均七〇〇キロという高い反収を達成している。ところが日本では直播栽培の一〇アール当たりの収量は平均で四八八キロに留まっている（農水省調べ、平成二九年産）。田牧氏は、日本の直播栽培での反収が上がらない最大の理由について「日本では直播に向いた種子の開発・育種が行われてこなかった。とくに根張りの良い品種の開発・育種はまったくなかった」からだという。

長年続いた減反政策のせいで、収量が多く生産できる品種の開発・育種がなおざりにされてきた。世界での国別コメ反収ランキングでは、日本は韓国、中国にも抜かれ八位にまで後退している。

田牧社長が日本で低コスト稲作が実現できると思ったのは、近年の急速なＩｏＴやＡＩの発達、さらにはドローンや無人トラクターといった先端機械の登場があったからだ。日本の面積の小さな水田に向いた、低コストの稲作が可能になったと判断した。しかも、そのコストは「従来の半分にできる」という。

田牧社長が示したコメ生産コストを半減する対策は四つの柱からなっている。
①増収効果（二一パーセントのコストダウン）
現在栽培されている反収五四〇キロの一般的な品種から、七八〇キロの高反収品種に切り換え

ると、収量が四四パーセント以上増加する。収量の増加で、種子代金や肥料代そして収穫作業とその後の乾燥などの費用は約二〇パーセント多くかかるが、それ以上にコスト削減効果が大きい。

②作付方式の転換（一六パーセントのコストダウン）

従来型の移植から直播栽培に作付方法を変更することで、育苗のための機械や温室などが不要になり、圃場までの苗運搬、移植などの作業がなくなる。新たに発生する費用は、空中からの種播き費用のみで、大きなコストダウンになる。かかる時間を見ても、苗作りと苗の運搬、そして移植は、すべての作業にかかる時間（一〇アール当たり）の三〇パーセントを占めており、作業時間の大幅な短縮になる（農水省生産費調査、作業別労働時間から）。

③ポストハーベスト作業の外注（八パーセントのコストダウン）

収穫した籾を大型乾燥・籾摺り施設に運び込む。籾の乾燥作業と籾摺り作業を行い、作業のない時期は機械類や肥料・各資材類の保管倉庫に使用しているのがポストハーベスト施設である。田植えをしないということは田植え機や苗作りのための施設も必要なくなる。この施設と設備類をもたないことで、生産費の二〇パーセントを占める減価償却費と光熱費、そして作業労働時間をなくして八パーセントのコストダウンが図れる。

④栽培管理時間の短縮（五パーセントのコストダウン）

作付前から、圃場の水の管理と稲の生育管理に多くの時間がかかる。しかも、それは目視できる通路に面している部分のみである。高収量を得るためには、圃場の中央部も含め全体を見て生育状況を判断することが重要である。ドローンのリモコン技術を使い、圃場全体の動画を見ることで、成長のバラつきや病気・害虫の発見も可能になる。短時間で高い精度で稲を観察して、AIも使いながら画像による生育記録も可能になる。

リモコンとAI技術の利用で、一人当たり二〇～三〇ヘクタールという圃場と生育管理の限界面積を簡単に超えることができるというのが田牧氏の考えだ。稲作りの熟練者の経験を活かした栽培技術も継承しながら、生産面積の拡大も可能になる。必然的に面積当たりにかかる栽培管理コストが下がることになる。

こうした新たなテクノロジーを活用した革新的なコメ作りが始まる一方で、国もスマート農業を旗印に農業の生産性を飛躍的に向上させる政策を打ち出している。

スマート農業の可能性と落とし穴

国が推進するスマート農業は稲作をどう変化させるのか。スマート農業加速化実証プロジェクトに参画している茨城県龍ケ崎市の㈲横田農場の横田修一社長に、現状と課題について話を聞いた。横田農場は徹底した低コスト稲作の経営が評価され、天皇賞を受賞したほどの篤農家である。

二〇二〇（令和二）年、水田面積を一六〇ヘクタールに拡大した。驚くべきはこの面積を田植機一台、コンバイン一台でこなしていることである。横田農場にはこれまでに四回取材に訪れているが、まだ経営面積が現在の半分の八〇ヘクタール程度であった頃、田植え機一台、コンバイン一台で作業を行っている農家がいると聞いたことが取材の発端であった。それから一〇年を経た現在でもいまだに一台でこなしている。

取材日は田植え前の二〇一九年三月一七日で、取材後、横田修一社長が車で駅まで送ってくれる途中で中学生時代の思い出を話してくれた。いつまで経っても母親より早く鎌で畔《あぜ》の草を刈ることができなかったが、母親は早く刈る方法を教えてくれなかったという。「時代とともに技術や道具は変わったが、いかに効率よく農作業を行うか、いつの時代でも百姓はそれを工夫してきた。スマート農業でもそれは変わらない」と強く語っていたことが印象深かった。

それにしても、なぜこれほどの面積を最小限の機械で耕作することが可能なのか。

第一に挙げられるのが「作期分散」である。早生から晩生まで生育ステージの異なる稲の品種を作付することによって、田植え時期、収穫時期をずらす。現在、作付している主力品種だけでも八品種あり、最も早く植えて早く収穫する品種と最も遅く植えて最も遅く収穫する品種の間には約二カ月の差がある。作期を分散することによって田植え機やコンバインをフル活用できるようにする。理に適っているようだが、リスクもある。

元年産では七月一二、一三、一四日にかけて長雨と低温に見舞われた。稲は出穂前の幼穂形成期に一日の平均気温が一五度を下回ると低温障害を起こし、実を付けなくなる。また出穂後に三五度以上の高温の日が続くと乳白米発生の原因になる。そうしたことが実際に起きた。おまけに収穫時期に台風一五号による大風で稲が倒伏する被害にもあった。作期を分散して出穂期や収穫時期が長くなると、気象変動によるリスクも高まる。

気象変動は避けられないが、それを受け入れながら収量を上げる方策としてAIも取り入れている。農研機構と一緒に開発した、気象変動に応じて施肥等を行うという予測システム「作物モデル」である。たとえば、田植えから出穂前までに日照時間や気温が高く、生育が進み過ぎていた場合、その生育ステージに合わせた最適な施肥量と施肥時期をAIが予測して実行する。すでに三年間実証テストを続けているが、このモデルのシミュレーションは非常にうまくいっているという。

もう一つ、横田農場が他の三つの農業法人と組み、九州大学と共同開発して、二〇一九年から実用商品として販売を開始したものに、「自動給水機」がある。水田作において多くの労力と時間がかかるのが水管理である。経営面積が大きくなればなるほど、水田の水がどうなっているのか見て回るのは大変になる。わかりやすくいえば、水稲が最も水が必要な時期に田んぼに水がなければ収量は望めない。その水管理を自動で行うという機械が自動給水機だ。

構造はシンプルで、高さが七〇センチほどのガルバリウム鋼板仕様の箱の中に塩化ビニールでできた二つの円形の筒が入っている。それが上限センサーと下限センサーで、水田の水位に従って筒が自動で動き、最適の水位を見つけ、それをやや離れたところに設置した水門装置に伝えて、給水をする。ふだん水田に水があるのは当たり前の光景で気にも留めないが、日本で使用される水で最も多いのは農業用水で年間五五〇億トンにもなり、なかでも水田で使用される水の量が最も多い。横田社長は「この自動給水機を設置しても水管理をゼロにはできないが、設置することで省力化でき、併せて収量のアップと品質の向上にも役立つ。この機器が広がって農家の収益が上がることが重要」という。

スマート農業の実証実験や機器の開発に人一倍協力している横田社長だが、農業の現状については厳しい意見を口にする。たとえばもて囃されているドローンについても、ピンポイントで農薬を散布することで害虫防除ができれば、それは害虫防除の概念を覆すことになるが、野菜の葉が虫に食われた後にドローンで画像認識して農薬を撒いても防除にはならない。防除という以上は、害虫を発見して被害が出る前に農薬を撒くべきなのに、そうしたドローンが開発されたとは聞いたことがないという。

さらにはドローンで空から種を播く作業に関しても、ドローンメーカーが実演するのはせいぜい五〇アール程度の小さな面積を一枚行うだけで、現場ははるかに枚数も多く、面積も広いため、そこまでの面積を播種できないドローンは結局トラックに乗せて移動しなければならず、効率化にはつながらないという。もちろんドローンの可能性を否定しているわけではない。要は農業者自身が自ら生産コストを引き下げるための工夫をもっと考え、農機具メーカーなどを巻き込んで作業体系を一緒に構築していかないと、スマート農業も単にコスト高になってしまうと危惧しているのである。

3　コメの種子をめぐる大変革

不利な競争条件

コメの世界には奨励品種というものがある。都道府県が自らの主要農作物（コメ、麦、大豆）を普及させるためのものである。その選定基準は収量、栽培難易度、病害虫への耐性などが総合的に判断される。奨励品種となる利点は先述した。

民間が開発した優れたコメ、たとえばコシヒカリつくばSDやハイブリッドとうごうなどは、検査銘柄に比べ大幅に安い販売価格にしかならず、なかなか普及しない原因となった。

民間育種者は、理不尽ともいえる官優先の奨励品種制度や農産物検査制度の改革を実現すべく戦う日々が長く続いた。ようやく検査制度では選択銘柄（必須銘柄はどこの検査場でも受け付けるが、選択銘柄は検査場によって受け付けるところとそうでないところがある）として検査を受けられるようになり、主要農作物種子法廃止で官製のコメと同じ土俵に立てるようになった。

しかし、まだ立ちはだかる壁がある。それは種子の価格である。

県や国で育種される種子は、新品種に登録されるまで開発費などが公費で賄われ、価格に反映されない。民間育種者は自ら負担しなければならないため、種子の販売価格に上乗せせざるをえない。このため販売価格には大きな差が出てくる。県や国が育種した品種は、公的ルートで入手するとキロ当たり五〇〇円から六〇〇円程度だが、民間育種した品種は安くても倍以上する。ハイブリッドライスに至っては五倍から六倍で、きわめて不利な競争条件を強いられている。

コメの種子ビジネスを民間で事業として成り立たせるためには、わかりやすくいうと市場で官との戦いに勝つ必要があるが、これまで成功した事例はごく稀である。そのことは現在、作付されている品種を見れば一目瞭然で、民間育種された品種が作付されている面積はごくわずかに過ぎない。

開発費用と期間

新品種の開発費用はいくらぐらいかかるのか。水田で偶然見つかったという変わり種の種子は別にして、目的をもって育種・開発を人工的に手掛けると、少なくとも一品種で数千万円はくだらない。実際、民間育種企業が他の企業に種子を譲渡する時は一品種一億円が相場である。それに加え、育種技術等のノウハウも譲渡すると、その何倍もの金額になる。それだけではない。新品種は、品種登録する必要がある。品種とは大雑把にいうと他のものと識別できる特性をもつものと定義されており、コメを品種登録する場合もそれまでの品種との違いが認められなければならない。品種登録をしなければ、農産物検査をしても品種名を謳えないのはもちろん、育種者の権利も保護されない。

具体的に新品種を登録するのにはいくらの金額と時間が必要か。まず育種者は農水省食料産業局知的財産課種苗室に自らが育種した品種の特性などを記した出願書と一〇〇〇粒の種子を提出する。その出願料は一品種当たり四万七二〇〇円である。それから資料調査、栽培試験、現地調査などが行われる。

出願書を受理した種苗室では、出願された品種の名称チェックを行う。すでに商標登録されている名称がないか調べる。この名称チェックは二回行われる。書類を受け取ってから一連の調査、試験を行って新品種と決定するまで早くて二年、遅ければ三年かかる。

なぜこれほどまでに時間がかかるのかというと、出願された品種が明らかに他の品種と違う特性のある新品種だと確定するには、類似品種がないかをチェックする必要があるためである。育種者が送ってきた一〇〇〇粒の種子を標準的な品種と一緒に栽培して、その違いを確認する。その確認は種苗管理センターが行い、全国八ブロックに分けて試験が行われる。これは、稲は栽培環境によって生育が違ってくるためで、出願された品種はその品種の栽培適地で栽培試験が行われる。

この試験だけで最低一年かかる。一般的な品種との違いを比較する項目はなんと八五項目もある。たとえば、稲の最も恐ろしい病気といえばいもち病が挙げられるが、いもち病の抵抗遺伝子は八つあり、それぞれを調べなくてはならない。これらさまざまな特徴を調べて、明らかに既存の品種とは違うと認められて、初めて新品種として登録される。

この登録料金が変わった料金体系になっている。具体的には、育種者の育種権利が保障される登録年数によって、一～三年が六〇〇〇円、四～六年が九〇〇〇円、七～九年が一万八〇〇〇円、一〇年～二五年が三万六〇〇〇円といった具合である。なぜ年を経るごとに登録料金が高くなるのかというと、品種登録されるということは、法によって育種者の権利が保護される一方、独占権を与えることにもなるため、国としては良い品種はできるだけ早めにだれでも使用できるようにした方がいいと考えるからである。

育種者の権利が保護されるのは稲の場合、登録料を払い続けても登録されてから最長二五年で、これを過ぎるとだれでもその品種を作れるようになる。とっくにその期間を過ぎているコシヒカリやあきたこまち、ひとめぼれは国内だけでなく海外でもどこでも、そしてだれでも作れるわけである。

画像解析による検査が開始

最近、主要農作物種子法の廃止の他に農産物検査法によるコメの検査についても大きな風穴が開けられた。それは令和二年産から政府備蓄米については、農産物検査法による検査官の目視検査によらずとも、新しく開発された新型穀粒判別器で画像解析したデータを用いて買い入れできるようになったことである。これにより検査の時間やコストが大幅に低減される可能性が出てきた。

このことについては解説が必要だと思われるので、コメの検査制度について概要を説明したい。

量販店等で販売されている精米の袋に「産地」「銘柄」「年産」が必ず記されていることは先述した。この三点セットは、各産地にある検査登録機関の農産物検査官の検査を通らないと表示ができない。農産物検査法では玄米を検査官が〝目視〟で検査することが大原則である。検査官が検査をして等級格付けを行い、銘柄を記した印を押さない限り、精米段階で産地や銘柄、年産を謳えない。ところが農水省は農産物検査法を一部改正して、令和二年産政府備蓄米で買い入れするもの五〇〇トンに限って、新型穀粒判別器で画像解析したデータだけで可能とした。

新型穀粒判別器は、画像解析技術の急速な進歩で、玄米のサンプル一〇〇〇粒程度を機器に入れると、瞬時に一粒ひとつぶの面積や〇・一ミリの極小の着色や胴割（ヒビの入った米粒）、乳白度合いなどを簡単に解析できるようになった。機器を作っているのは㈱ケツト科学研究所、㈱サタケ、静岡製機㈱の三社である。

この機器を使って画像解析されたデータで買い入れられるコメの量はわずか五〇〇トンだが、重要なことは数量ではなく、人間の目視以外の手段、つまり機械による画像解析で検査が可能になったことである。

ちなみに農水省が改正した農産物検査法による新型穀粒判別器による備蓄米の買い入れ基準の数値は「白未熟粒七・〇パーセントおよび被害粒四・〇パーセントの混入割合」となっており、

この基準を満たせば国が政府備蓄米として買い入れる。国がこうした決定をしたことにより、一般に取引されるコメの検査現場でも新型穀粒判別器を使った検査は増えるだろう。いずれは人間の目視検査にとって代わり、画像データによるコメの取引が行われるようになるものと予想される。

4　民間のやる気を削ぐ現行システム

乾田直播用の「とねのめぐみ」

民間育種に立ちはだかる「奨励品種」や「農産物検査法」の弊害について触れてきたが、それを身をもって体験している㈱アグリシーズ（東京都板橋区）の山根精一郎社長の話を紹介しよう。同社が普及拡大に力を入れている「とねのめぐみ」は、草丈が短く、味も良く、かつ収量性の高い乾田直播用品種で、日本モンサント株式会社が開発した民間育種の品種である。品種登録されてから、すでに一五年が経過した。

山根社長が日本モンサントに在籍していた頃、日本の稲作農業に貢献できる品種開発のプロジェクトが立ち上がった。そのプロジェクトの最大の目標は「単位面積当たりの収益を上げる」こと。コメは作物の中で単位面積当たりの収益が最も低い作物であり、これを引き上げる品種として乾田直播に向く品種開発が進められた。プロジェクト立ち上げから一〇年を経て二つの有望品種が育種され、そのうちの一つがとねのめぐみであった。

　山根社長は日本モンサントを退職後、すぐに㈱アグリシーズを設立、とねのめぐみの種子を生産している第三セクターのふるさとかわち（茨城県稲敷郡河内町）と協力して、生産農家の拡大を進めている。最近わかってきたのが、乾田直播は最初こそ収量性が上がらないものの、三年目からは移植より収量性がアップするということで、その要因を確かめるべくデータを集積している。そうしたエビデンスを基に、さらに作付生産者の拡大をめざす。もう一つは高温障害に強い乾田直播用の品種も用意しており、供給態勢が整い次第、東北でも普及させたい考えという。

規模拡大には乾田直播

　プロジェクトが始まったのは一九九四（平成六）年。ずいぶんと古い話だが、最初の四ヵ月くらいはどこに焦点を絞るかで悩んだという。次第に、稲が作物中で一番単位面積当たりの収益が低いことに関心が集中し、規模を拡大しないと農家はサラリーマン並みの年収を稼げないという結論に達した。そのために直播が必要と結論づけられた。しかし、その頃は直播の事例は数少なく、農水省が推進して岡山の干拓地が選ばれた程度。それに、直播に適した種子もまったくなかった。将来展望を描いた場合、直播に適した種子を育種・開発することこそが必要である。山根氏は、「稲作は日本の一つの文化である」といういい方をしている。

　直播という結論には、山根社長のアメリカでの体験が影響している。五〇〇ヘクタールもの規模を、飛行機で一気に播種していた。日本でそこまでの規模になることはないかもしれないが、大きな面積で収益を上げる農業をめざそうと考えた。直播で食味が良く、多収の品種を開発すれば生産者のためになるということでプロジェクトを始めている。といっても、新しい品種を作るには一〇年はかかるといわれている。

山根氏たちは、情報集めに余念がなかった。時期的にはまだ農地の集約は始まっておらず、基盤整備事業で水田の区画作りがどんどん進んでいた時期である。ただ、当時は水田面積は一枚三〇アール。将来、これらがまとまれば、直播ができるだろうと分析していたという。

育種は、温室と圃場の両方でやっていた。冬場は温室で世代交代を進め、それによって早く穫れるように研究した。実はとねのめぐみ以外に「たべごこち」も育種し品種登録したが、味はとねのめぐみより優るものの、収量がコシヒカリ並みということで、生産者にメリットが見えにくいことから、とねのめぐみを優先した経緯がある。

民間の種子が直面する困難

普及拡大では第三セクターのふるさとかわちと組んだが、種子代が高いこと、また作付しても検査段階で産地品種銘柄に指定されないと雑米扱いになり、コメが安値になってしまったことで、思ったほど成果は出なかったという。米卸で販売に手を挙げてくれるところはなかったことから、手始めに第三セクターの農産物直売所で販売を開始。それから弁当店などに売り先を拡大した。

とねのめぐみをブランド化するために、その名前を袋に目立つように表示したり、「おかずのいらないとねのめぐみ」と銘打ってアピールした。購入者から美味しいと評判も良く、とねのめぐみという名前も生産者に次第に浸透しているというが、ピーク時の作付面積五〇〇ヘクタールを下回って、それ以上進まない状況にある。

種子代に関していうと、第三セクターの事業の収益の多くが種子販売代金であるため、生産者と契約して、自家採種（生産者が生産したコメから種を取ること）はしないよう申し渡していたという。当初の種子代はキロ七〇〇円程度でそれほど高いわけではないが、県が出しているコシヒカリの種子は四〇〇円、高くても六〇〇円なので、競争力が弱く、それでも割に合わないので一〇〇〇円以上の販売価格を望んでいる。種子の代金はふるさとかわちが徴収し、そこからライセンスフィーというかたちでモンサントに入る。どういう割合にするかは、そのつどの交渉で決めていたそうだ。品種を広めるために農家が育てた稲を買い取ることがままあるのだが、モンサントでは稲の買い取りはしていない。例外的に、河内町や茨城県内で生産されたものであれば、必要に応じてふるさとかわちが買い取っていた。

山根氏によれば、とねのめぐみに続く品種に「ほうじょうのめぐみ」がある。最初、「ちほのめぐみ」で品種登録をしたところ、コメ以外の作物で同名の登録があり、急遽「ほうじょうのめぐみ」に切り替えた。二〇一七（平成二九）年三月のことだ。

とねのめぐみは中生だが、ほうじょうのめぐみは早生でとねのめぐみより収量が高く、食味が良い。最近、市場は収量が多いものが売れているので、有望株だという。

民間の種子は排除される

山根氏に日本モンサントを辞めて、アグリシーズでどんな活動をしているか聞いた。

「これらの品種をよく知ってもらうため、いろいろな生産者のところへ出かけて説明しています。施肥しても倒れず収量が上がるといった特徴などですね。また、収量を上げるより良い栽培方法を示し、それを生産者が会得して、結果、種子の販売を増やす活動をしています」

——日本モンサントは協力しているのですか。

「それなりに協力してもらっています。しかし、販売に関してはふるさとかわちとアグリシーズでやっています」

——説明会は開催されているのですか。

「要望があれば、行って説明します。農薬等の資材会社から依頼が来ることもあります。段々に広がっているという感じはしていますが、高齢の生産者から『もう体力ももたないし、来年は止める』といわれると何もいえなくなりますね。日本の稲作はどうなってしまうのかと思います」

——平成三〇年産はどのくらいの作付面積だったのですか。

「およそ三〇〇ヘクタールぐらいだと思います」

――茨城以外の生産地は？

「もう全国各地ですね。北は岩手から南は宮崎まで。もちろん面積の小さな方もたくさんいらっしゃいますが、みなさん『結構いいね』といってくれます。栽培しやすいし、台風が来ても倒れません」

ただ、問題は収穫されたコメの売り方だという。先にも記したように産地で奨励品種にならないのも不利だし、産地品種銘柄と認められないのもセールスに響く。とくに後者だと、雑米の扱いになるので、値段の評価に直結し、一俵一万三五〇〇円で売れるものが、八〇〇〇円から九〇〇〇円になってしまう。インターネット販売であればその問題はないが、農協に持っていくと九〇〇〇円にされてしまうわけである。

アグリシーズも産地品種銘柄を取ろうとしているが、なかなか壁が厚い。山根氏は「そもそも品種が産地品種に指定されないとだめなのか」と苦言を呈している。

「目視なので検査員に品種がわかるわけではないため、品種の部分は外していただけないかと、内閣府の規制改革委員会にお願いしているのですが、遅々として進みません」

今1等、2等、3等と検査官が検査して等級を出しているが、それは機械でやる方向で審議が進んでおり、先述のように農水省もようやく令和二年産米で政府が買い入れる備蓄米について穀粒判別器による検査でも買い入れすることを決めた。山根氏によると、検査対象のコメの品種は基本的に生産者が種子を購入した履歴を見ればわかるのだから、それが産地品種銘柄になれないというのはおかしいということになる。

「生産者と話をすると、新しい品種をどんどん増やしていきたいと思うのだが、植えたら雑米になってしまうのでは、やる気が失せてしまうといわれる。その辺が改善されないかと思っています」

とねのめぐみは選択銘柄なので現在銘柄検査を受けられる県は、茨城、千葉、埼玉、栃木の四県に限られる。他に九州でも何県か作っているところがあるが、まだ、作付面積が少ないので品種検査をするまでには至っていない。

5　民間育種は壁を越えられるか——住友化学の挑戦

ある民間育種会社の倒産

コシヒカリつくばSD1号、つくばSD2号は、㈱植物ゲノムセンター（茨城県つくば市）が育種した品種で、それを住友化学が二〇一四（平成二六）年に買収して、普及・拡大させている。同センターには何度も取材に出向き、美濃部侑三社長（当時）にはコメ育種に関するさまざまなことを教えていただいた。

しかし、二〇〇〇（平成一二）年に設立された同センターは、今はない。すごい技術をもちながら、経営が行き詰まり倒産した。倒産後も何度か美濃部氏とはお会いしており、倒産に至る経緯なども知っているが、要はコメの育種ビジネスを経営として成り立たせるには困難が多いということである。その理由の第一は、何度も述べるようにコメの品種の普及は公的品種が優先されるからだ。別項で記したように、販売のためのテレビPR予算一つとってみても、その県が育種した銘柄の販売には億単位の予算が付く。

コメの種子の販売でビジネスを成り立たせるためには、その種子に多収性や良食味の他、栄養素が多く含まれるなどの機能性が必要になることはいうまでもないが、最大の課題は種子の価格である。一般的なコシヒカリやあきたこまちは国や自治体が育種権をもち、いわば公的資材として生産者に格安で供給している。民間育種会社がそこに割り込むことは難しい。一代限りのハイブリッド種を種子会社から買うと一キロ四〇〇〇円程度と、公的な種子に比べ一〇倍近くする。ハイブリッド種は収量性によって種子代をペイできるため、購入して作付する生産者もいるが、作付面積が大きく拡大しているとはいえない。

植物ゲノムセンターが倒産した最大の原因は、販売した種子で生産されたコメを買い取るという契約を進めたことにある。事業が始められた当初はこのことが大きな話題になり、急速に作付が拡大したが、やがて生産されたコメの買い取りを実施したことが大きな負担になってしまった。

住友化学が買い取った品種に付くSD（Semi-dwarf）とは、半矮性短稈種のことで、わかりやすくいうと草丈の短い稲のことである。日本は世界に先駆けて稲のゲノム解析に挑み、この分野の第一人者である美濃部氏は「DNAマーカー育種」を確立、それまで一〇年かかっていた稲の育種を短期間で行える技術を確立した。コシヒカリつくばSD1号は、コシヒカリを母に、短稈品種IR24を父に交配され、三年で品種登録した。

SD2号はSD1号を母に、ミルキークイーンを父に育種された低アミロース系のコメである。これらが品種登録された頃、新しい品種について話を聞きに同センターを訪れ、美濃部氏に案内されるままに実験圃場で見せられた光景は今でも忘れられない。

その実験圃場は温室で、手前から奥に向けて草丈の高い順に稲が育っている。それらの稲は出穂しており、一番奥の稲は草丈が一五センチほどしかないのに出穂していた。こんな稲は初めて見たので、DNAマーカー育種のすごさを文字通り目にしたという思いであった。

業務用のニーズに応えるコメ作り

種子の育種権や周辺ノウハウまですべて同センターから譲り受けた住友化学アグロ事業部コメ事業推進部（以下、推進部）では、コシヒカリつくばSD1号とつくばSD2号の作付面積を平成三〇年産で二〇〇〇ヘクタールに拡大する計画を立てたものの、そこまでは行かなかった。

同推進部ではコシヒカリつくばSD1号、つくばSD2号の平成二八年産米の生産データを収集。地域によって差はあるが想定通りの増収となった。秋田県で一〇アール当たり一三俵（七八〇キロ）の収量があったという。

平成二八年産で北海道、青森、山梨、東京、神奈川、石川、島根、鳥取、和歌山、奈良、四国、長崎、沖縄を除くすべての県でSD1、SD2を生産している。この品種に合った多収栽培技術を本社直轄で指導にあたり、肥料等も専用に開発・製造するなどして、「業務用米市場のニーズに応えるコメ作り」に取り組んでいる。

平成二九年産米は、全国で約一五〇〇ヘクタールが作付され、主産地は東北地区がメインになっている。東日本では八月の日照不足が響いたが、一〇アール当たり一一俵程度の収量を得た地域もあり、総じてコシヒカリより増収した。作況指数が九九（平年作を一〇〇とする）に留まった茨城でも増収効果が得られているという。秋田で作況指数が九九であったが、三年連続して七二〇キロ以上の収量を達成したというデータが出ている。新潟は作況指数が一〇八で、同推進部では実際に新潟県を視察、作況以上の収量があった生産者もいたという。

なお、二九年産米で検査して銘柄が表示できる産地品種銘柄に設定された県は、コシヒカリつくばSD1号は宮城県、秋田県、山形県、福島県、茨城県、新潟県、富山県、福井県、静岡県の九県。つくばSD2号は秋田県、山形県、福島県、茨城県の四県である。

三〇年産では栽培の基本技術を励行し、引き続きコシヒカリに比べ二〇パーセントの増収を目指した。あわせて、低コスト農業実現のため、農機具メーカーと共同で直播栽培技術の確立も進めた。

作付品種をSD1とするかSD2とするかは、産地農協等と協議しながら決めるという手法をとっている。SD1の商品名は「光の栖《すみか》」で、SD2にも商品名を付ける予定。SD2はミルキークイーンの草丈を短くしたもので、従来品種に比べ栽培しやすく十分に収量性もあったという。栽培マニュアルは地元の農協の営農指導員などとも協議しながら、その地区に最も適切なものを作り上げていく。そうした取り組みが農協から評価されることも多いという。

病害虫の防除によっても収量は変わるが、多収化の最大の要素は肥料で、同社はSD専用の肥料を製造している。一般的に、収量を上げようと思えば窒素肥料を多く投入することになるが、そうすると食味が低下することになる。その点については「まったく問題ない」という。多収になった秋田のSDのタンパク含有量を調べても七パーセント台に収まっており、「パートナーの卸に聞いてもまったく問題なく、逆にもっと多収を狙ってほしいといわれている」。ただ、やみくもに多収を狙うというのではなく、食味と多収のバランスをとっているのである。

低コスト栽培のための直播栽培にも農機具メーカーと協力して取り組んでいる。さまざまな直播栽培方法があるため、一つひとつ丁寧に、SDに適した直播栽培方法を探っている。生産コストについては資材経費と収量を比較検討している段階で、次のステップとしてより低コストの稲作技術体系の構築に取り組むことにしている。

収穫後のSDは農協などが他の品種とは別にして保管する。生産委託契約なので生産されたSDを住友化学が全量買い取る。価格は作付前に住友化学の考え方を伝え、収穫時期に決定するという手法。二九年産では、二八年産の倍に当たる一万トン以上の生産計画を立てた。また、SD

1より収穫時期が一〇日遅い晩生のSDHDも品種登録申請を行っており、より広範囲に作付地区を拡大する計画である。

未来を興すプロジェクト

住友化学㈱は、アグロ事業部にコメ事業のチームを立ち上げる際、「ニッポンのコメを強くする」ことを目的に「MiRISEプロジェクト」に取り組んだ。MiRISEプロジェクトとは、未来のコメを描く新プロジェクトで「魅力（Mi力）あるコメ作りを通じて発展（RISE）していく」ことを意味している。このプロジェクトの狙いと事業スキームについて、事業を統括するアグロ事業部事業企画部の牛山昌彦コメ事業推進部長とコメ事業推進部のチームリーダー六反田琢氏に、柱となる事業内容と今後の展開について聞いた。

住友化学㈱のコメ事業のスキームについて、牛山氏は「トータルソリューションプロバイダー（種子の開発から栽培指導、販売支援まで行う）として農業総合問題解決型の事業展開を行う」という。すでに同社の子会社である日本エコアグロ㈱（東京都中央区）が農産物の仲介・販売を始めている。一昨年㈱植物ゲノムセンターを買収し、品種、遺伝資源、育種の手法を入手できたことをきっかけにコメ事業に取り組むことになり、同年九月にコメ事業のチームを立ち上げ、体制を拡充している。

スキームは、植物ゲノムセンターが育種した短稈「コシヒカリつくばSD1号」の種子を生産者に提供、その種子の栽培方法に合う肥料や農薬等も住友化学が提供する。さらに契約栽培されたコメは住友化学が買い上げ、外食・中食事業者に販売するという生産から販売までの「一気通貫体制」を敷く。

具体的には平成二八年産米で一〇〇〇ヘクタール、六三〇〇トンの計画で二〇三〇年に六万トンに拡大する計画で、二九年産米までは順調に進んだが、三〇年産米では登熟期の天候不順で、期待したほどの収量が上がらず、その地域により適した栽培方法を確立すべく、全国一八〇ヵ所で生育調査を実施した。

ポイントとなる種子の特徴について六反田チームリーダーは「一般的なコシヒカリに比べ二〇パーセントの増収が可能」という。また、作付適地についても青森県以外の東北各県でも栽培が可能で、同社が調査した東北四県での高収量事例のデータを示した。

コシヒカリつくばSD1号はこれまで関東と新潟で作付されていたが、栽培技術の向上で東北でも一〇アール当たり七〇〇キロを超す収量を上げている。同社が有する種子は三品種が登録済みになっているが、この他二品種を出願中で、その中には出穂時期が一〇日ほど遅い晩生種や低アミロースの種子も含まれている。

多収性の品種を推進する理由は、販売面にある。牛山氏は、今後食卓用のコメは市場規模が徐々に縮小すると見込まれるのに対して、中食・外食分野は相対的に伸びが期待されるため、同社が契約栽培するコメはすべてこうした業務用分野で販売することにしている。

生産者に対しての普及拡大は、実行部隊として子会社の日本エコアグロが担う他、同社の肥料農薬の特約店（現在十数社）の協力も得ていく。販売面では大手卸二社が外食企業等と事前に価格と数量を決め販路を確保する。

現在の稲作状況については、生産調整が廃止された二〇一八（平成三〇）年から、各地の生産者がさまざまな取り組みをしている一方で、買い手（米卸などの販売業者）は今後のコメの調達をどのように行うのか模索している段階で、安定的に確保したいという要求がある。そうしたニーズに応えるべく、同社がもつ種子資源から肥料・農薬をセットで提供、総合的に支援することによって、生産者にメリットのある稲作が可能になり、ひいては買い手のニーズも満たすことになるとしている。

6　執念の民間育種家

手がけたのは二三種

ある民間の稲の育種家に、その人が育てた品種の欠点を指摘したところ、激しい口調で反論されたことがあった。育種家にとって自らが手がけて育てた品種は、まさに我が子であり、ケチをつけることなど許さないという思いだったのだろう。

これまで各都道府県は、「主要農作物種子法」を根拠として、自産地に適した水稲種子を育種してきた。加えて自治体が育種した品種が「奨励品種制度」により、優先的に作付され、民間の育種家が参入するにはハードルが高かった。そうした中にあって、民間でありながら、これまで数々の新品種を育種して各県に普及させた実績をもつ人物がいる。八尋義輝氏である。

八尋氏は九州大学農学部を卒業、一九七〇（昭和四五）年に三菱化学㈱に入社した。のちに同社と三菱商事が共同出資で植物工学研究所を立ち上げると移籍し、研究部長として植物バイオによる稲の育種に携わった。二〇〇三（平成一五）年に退社後、植物工学研究所がコメの育種事業を㈱中島美雄商店に売却したことから、そこで嘱託として新品種普及活動に尽力し、中島美雄商店の破綻後は、そこの育種場長が立ち上げた㈱中島の顧問を務めている（㈱中島は二〇二〇年に㈱神明に買収されている）。

別表は、植物工学研究所から中島美雄商店に至るまで、八尋氏が手がけ、普及を図っている品種の特徴や作付地区を示したものである。表に記載されていない評価中のものや出願準備中のものも加えると、実に二三種にもなる。これらの品種の権利は、米穀業者や肥料業者に譲渡され、それぞれの会社が独自に普及拡大を図っている。譲渡先にはＩＴ企業、外食企業、肥料業者、米卸などがあり、さらには宗教法人も新品種を欲しがったという。知られているところでは、花キラリは㈱はくばく、縁結びは㈱ハラキンなどが生産者や農協に種子を供給して委託契約で栽培してもらい、生産されたコメは品種名をそのままブランド名として表示、販売している。

品種系統でいうと、八尋氏の育種の基になっているのは一九九五（平成七）年に品種登録され

表4－1　八尋義輝氏が手がけた主な登録品種・系統

品種名	登録日	親品種	品種の特徴
夢ごこち	1995（平成7）年9月14日	コシヒカリのPP培養変異	中生種、極良食味
花キラリ	2000（平成12）年12月22日	PR3×コシヒカリ	早生種、短稈、良食味
夢いっぱい	2003（平成15）年2月20日	夢ごこち×夢かほり	早生種、強稈、良食味
夢の華	2004（平成16）年6月4日	夢ごこち×夢かほり	晩生種、強稈、良食味
夢みらい	2006（平成18）年3月20日	夢ごこち×夢かほり	中生種、強稈、良食味
新生夢ごこち	2011（平成23）年3月9日	夢ごこち×葵の風	中生種、多収、良食味
ほむすめ舞	2016（平成28）年3月7日	夢ごこち×ふくひびき	早生種、多収、良食味
大粒ダイヤ	2017（平成29）年2月22日	夢ごこち×ホシアオバ	中晩生種、多収、良食味
縁結び	出願中	夢ごこち×ホシアオバ	中晩生種、多収、良食味

出典：八尋義輝氏作成

表4－2　夢系28年産検査数量（単位：トン）

品種名	産地	検査数量
縁結び	岐阜	154
新生夢ごこち	栃木、埼玉	109
花キラリ	宮城、山形、富山、石川、福井、山梨	423
ほむすめ舞	岩手、石川、福井、京都、兵庫	575
夢いっぱい	山形、福井、広島	222
夢ごこち	宮城ほか18県	2800
夢の華	栃木ほか9県	173
夢みらい	滋賀	59

出典：八尋義輝氏作成

た「夢ごこち」で、八尋氏は「夢ごこちは収量があり、食味が良く、作りやすい品種で三拍子揃っている。この品種を他の品種と掛け合わせると食味が落ちない」という。

現在、力を入れている品種は業務用に向いたもので、「ほむすめ舞」「大粒ダイヤ」「縁結び」といった品種（ブランド米）は「夢ごこち」に「ふくひびき」や「ホシアオバ」といった多収性品種を掛け合わせている。

育種の試行錯誤

八尋氏にこれまでの育種について聞いてみた。

――味が良くて、多く穫れるコメの育種はどうされていますか。

「夢ごこちと多収穫品種とを交配すると、夢ごこちに近い食味の品種が育種できます。十分に単品で使用でき、収量性が高いので業務用では引っ張りだこになっています」

――夢ごこちはコシヒカリのような低アミロース米なんですね。

「コシヒカリよりアミロースが一〜二パーセント低い。農水省は低アミロースの定義を一五パーセント以下にしているが、そこまでは低くない。だいたい一七パーセント程度。ただし、コメの粘り自体はコシヒカリと比べるとはっきりわかるぐらい粘るんですよ」

――八尋さんの育てたコメの一方の親はすべて夢ごこちなんですか。

「夢ごこちを母方として使った方が、食味がちゃんと出るんですよ。他のものを使って交配しても食味が乗らない。結果的に母方は夢ごこちになっています」

――低アミロースというのがいいのでしょうか。

「そうだと思います。コシヒカリよりも食味評価が高い。夢ごこちはわれわれの品種ですから、積極的に使っているということですね」

――新品種ができるまでどのくらいの時間がかかりましたか。

「新しい品種ができるまでどれも一〇年はかかっている。それから農水省に登録申請して三年はかかります（ほむすめ舞の登録が早かったのは、特性が明確で、作付したい生産者が多くいたから）。実際に作付されて検査して品種名が謳える産地品種銘柄になるにはまた時間がかかる。ほむすめ舞は二〇一八年五県で選択銘柄に登録され、二〇一九年は長野と福島で登録されました」

――作付される産地は広いんですね。

「北陸から長野、関東まで広がっています。岩手でも作付したいという人がいました」

――大粒ダイヤという名前は少し変わった名前ですね。

「大粒ダイヤは米粒が大きいんですよ。大粒で収量性も高く、食味も良い。園芸店が引き受けたんですが、大手卸もこれを使いたいと注目しています。一般に作付されるようになったのは縁結びが三年ぐらい、大粒ダイヤは二年ぐらいです。順番に産地銘柄を取ろうとしているところです。縁結びは四県で産地品種銘柄を取って一〇〇〇トンぐらいになりました。そこから先が課題ですね。作る方と買う方が納得しないとなかなか定着しません。課題は多いですね」

民間育種家の挑戦

二〇一七（平成二九）年末、八尋氏は長野県で開催されたコメ生産者の大会で、「高反収・高食味の挑戦〜大量離農時代の農業経営」と題して、自ら育てた新品種「縁結び」「ほむすめ舞」の特徴や栽培方法のポイントを紹介した。これらの新品種は、作付産地で銘柄検査が受けられるようになったことから、二〇一八（平成三〇）年産から精米に品種名が表示できることになる産地が拡大した。長野県でも登録されたことから生産者の関心も高く、会合を主催した㈲長野穀販が、販売も手がけることにしている。

八尋氏ははじめに、早生のほむすめ舞と晩生の縁結びは多収・良食味という特性は同じだが、生育ステージが異なるため混乱しないようにしてほしいと前置きし、それぞれの品種について説明した（細部にわたるため、ここでは省略する）。

長野県で栽培された平成二八年産と二九年産の結果では、ほむすめ舞の二八年産は一戸の生産者の事例で、目標反収に対して一〇七・三パーセントとなる七五七キロの収量があったが、二九年産では四戸の生産者の事例で反収にばらつきがあり、平均すると目標反収に対して八四・三パーセントの六一六キロに留まった。

縁結びは二八年産で二戸の農家の平均で目標反収に対して九八・六パーセントの五九二キロ。二九年産では四戸の農家の平均で目標反収に対して一〇九・四パーセントの六五七キロであった。八尋氏は、この結果についてそれぞれ、穂数確保のための施肥や浅水管理等の栽培上の課題について言及した。

会場の生産者からは収量や品位が低下し、等級落ちした原因等について質問がなされた他、近年のブランド米ブームについて、その評価や種子代などについて幅広く質問がなされた。八尋氏は、民間育種の種子代はどうしても公的に育種された種子に比べ価格が高くなるが、ほむすめ舞や縁結びは反当たり二俵多く取れるので、一俵は種子代と考えれば、生産者にとってメリットがあると答えた。

縁結びは、二〇〇四（平成一六）年に極良食味米「夢ごこち」と多収性品種「ホシアオバ」を交配して育種した品種で、㈱アグリトレードが名付けて品種登録した。特徴は、タンパク値が五・五パーセントという低アミロース系で、ほど良い粘りがあり、かつ多収であること。育種権をもつ㈱アグリトレードは中部地区の量販店バローの出資会社で、作付地区を二九年産で岐阜、長野、愛知、新潟に拡大、三〇年産は三重、福井、富山にも拡大した。縁結びという名前の由来は、コメを通じて多くの人とご縁を大切にしたいというもので、この名称が幸いし、婚礼の引き出物や神社でも扱われる商品になっている。

また、同社はハラキンググループの一員であることから、グループのもち製造会社㈱和鑠《わらく》に委託して、縁結びを玄米のまま団子にした商品も作り、「金の玄米だんご」という名称で販売を始めた。一般うるち米では団子にはなりづらいが、低アミロースであることから、もちもち感のある玄米団子に仕上がっている。

民間育種されたコメの品種でこれだけ多くの品種が各地で栽培されるようになったのは、八尋氏が手掛けた品種以外にはない。それは、八尋氏がコメの品種を手掛け始めたのが、㈱植物工学研究所という三菱商事系の民間会社だったことが大きい。資金力があったので、コメの育種を続けられた。その後、三菱商事は事業から撤退したものの、それを引き継いだ㈱中島美雄商店が新品種普及・拡大に尽力した。

ただ、別項でも触れたように民間のコメ育種ビジネスは非常に厳しく、その中で八尋氏は現在でも自らが手掛けた品種の普及に力を注いでいるが、その姿勢はまさに執念というにふさわしい。取材では、コメ品種育種者としての情熱に触れた思いがした。

コメの取引のあり方が大きく変わる——あとがき

二〇二一年一月、コロナ禍が再拡大、緊急事態宣言が発動された。この最中、二月二日に大手町のスタジオで、穀粒判別器を使った新しい形のコメ取引についてのシンポジウム形式の講演会が開かれた。司会者は大手町のスタジオ、穀粒判別器を使ってコメの品位検査をする生産者は茨城、原料米搗精《とうせい》業者（コメの品位を見て取引する）は福岡から出演した。コロナ禍がもたらした新しいスタイルだが、それ以上に穀粒判別器で解析したコメのサンプルデータや画像をWEB上で見ながら取引できることが画期的だった。

このことがなぜコメ業界にとって大きな出来事であるかというと、本文でも触れたようにコメの検査は人間の目視が大原則で、これにより一等、二等、三等、規格外といった品位格付けがなされ、それを基に取引がなされてきた。器械が代替することによって、より肌理《きめ》の細かい判定が可能となり、コメの流通だけでなく生産にも大きな変化をもたらすと予想される。たとえば、将来的には外食産業が判別機器を用いて欲しいコメの自社基準を設け、卸等流通業者がそれに合わせた精米を供給するなどが考えられる。

そうした最中、消費者庁が農産物検査自体をなくす動きを見せている。生産者の自己申告で精米商品に品種（銘柄）を表示できるようにJAS法を改正し、それが二〇二一年七月から実施されることになった。これだと、品位が担保されないので、農水省は農産物検査法が定めるコメの等級基準とは別に、穀粒判別器による品位基準の「ガイドライン」を示すことにしている。

画像解析技術が進歩して、画像でコメの品種を見分けるところまできている。岩手大学発のITベンチャー企業が「デジタル穀物大図鑑」というコメと麦を画像解析したUSBをこの二月から販売する。コメ版は日本全国各地の品種約一〇〇〇種類の画像が収録され、米粒の特長が画像で判別できるようになっている。コメの品種の判別はこれまでDNA判定に頼っていたが、これも画像で判別できるようになるかもしれない。

品種登録、農産物検査、各段階での取引など、旧制度の弊害目立ち、大きな軋みを生んでいる。そこを新しい技術や機械がブレークスルーすることで、全体が変わろうとしている。

各地のブランド米はその旧制度に合わせて、戦略を立ててきたわけだが、そこでの優位性がこれからも保てるかどうかは予断を許さない。新時代に対応して、どんな戦略を立ててくるのか、興味津々といったところである。

編集協力◎木村隆司（木村企画室）

装丁◎桂川　潤

熊野孝文（くまの・たかふみ）

1954年、鹿児島県鹿屋市生まれ。県立鹿屋高等学校卒、東京経済大学中退。コメ関連の取材記者として40年の経験がある。現在、『米穀新聞』記者。農協関連はじめ各種セミナーでパネラー、講師として発言している。

ブランド米開発競争《まいかいはつきょうそう》
——美味《うま》いコメ作《づく》りの舞台裏《ぶたいうら》

2021年3月25日　初版発行

著　者　熊野孝文
発行者　松田陽三
発行所　中央公論新社
〒100-8152　東京都千代田区大手町1-7-1
電話　販売 03-5299-1730　編集 03-5299-1740
URL http://www.chuko.co.jp/

DTP　市川真樹子
図作成　関根美有
印　刷　大日本印刷
製　本　小泉製本

Published by CHUOKORON-SHINSHA, INC.
Printed in Japan　ISBN978-4-12-005415-0 C0036